全国高等职业教育机电类“十二五”规划教材

数控机床编程与操作实训指导书

主　编　张学明
主　审　霍苏萍

班级：____________

姓名：____________

学号：____________

黄河水利出版社
·郑州·

内 容 提 要

本书以数控机床(车、铣部分)操作为主线,简要介绍数控加工的过程、方法、步骤,后面附有典型零件的数控机床(车、铣部分)加工。

本书共分为两个部分。第一部分为数控车削部分,主要内容有:十六个课题,主要讲解数控车床的结构、技术参数、故障诊断及操作过程;六个单元练习,对数控编程时的主要指令进行练习;十五个综合练习,对数控车床操作综合运用进行训练。第二部分为数控铣削部分,主要内容有:十个课题,主要讲解数控铣床的结构、技术参数、故障诊断及操作过程;十一个单元练习,对数控编程时的主要指令进行练习;二十七个综合练习,对数控手工和自动编程综合运用进行训练。

本书可作为数控车、铣认识实习、实训与固定工种实训教材,也可以为数控加工与编程进行课程设计或为数控专业的毕业设计提供素材。

图书在版编目(CIP)数据

数控机床编程与操作实训指导书/张学明主编.—郑州:黄河水利出版社,2011.8

全国高等职业教育机电类“十二五”规划教材

ISBN 978-7-5509-0042-4

Ⅰ.①数… Ⅱ.①张… Ⅲ.①数控机床-程序设计-高等职业教育-教材 ②数控机床-操作-高等职业教育-教材 Ⅳ.①TG659

中国版本图书馆 CIP 数据核字(2011)第 108918 号

出 版 社:黄河水利出版社

地址:河南省郑州市顺河路黄委会综合楼 14 层　　邮政编码:450003

发行单位:黄河水利出版社

发行部电话:0371-66026940、66020550、66028024、66022620(传真)

E-mail:hhslcbs@126.com

承印单位:黄河水利委员会印刷厂

开本:787 mm×1 092 mm　1/16

印张:6.5

字数:150 千字　　印数:1—4 100

版次:2011 年 8 月第 1 版　　印次:2011 年 8 月第 1 次印刷

定价:15.00 元

前　言

数控实训是数控技术、机电一体化、模具、机械设计制造等专业的实践性教学环节。本书的任务是使学生把学到的数控相关理论知识与实践相结合，提高他们的实际动手能力。在数控实训的过程中，学生进行大量的工艺、编程、操作和设计技能训练。数控实训对于提高学生综合素质，培养高质量、高层次的工程数控技术人才有着其他课程不能代替的作用。因此，加强数控实训的教学建设，实施科学的实训培养计划，建立完善的实训过程管理制度，对于增强数控技术、机电一体化等相关专业毕业生的市场竞争力和开拓创新能力有着非常重要的意义。

本书共分为两个部分。第一部分为数控车削部分，主要内容有：十六个课题，讲解FANUC 和 SIEMENS 数控车床结构、技术参数、故障诊断及操作过程；六个单元练习，对数控编程时的主要指令进行练习；十五个综合练习，对数控车床操作综合运用进行练习。第二部分为数控铣削部分，主要内容有：十个课题，讲解 FANUC 和 SIEMENS 数控铣床结构、技术参数、故障诊断及操作过程；十一个单元练习，对数控编程时的主要指令进行练习；二十七个综合练习，对数控手工和自动编程综合运用进行练习。本书可作为数控车、铣认识实习与固定工种实习教材，也可为数控加工与编程课程进行课程设计提供素材。

本书由济源职业技术学院张学明主编，由三门峡职业技术学院霍苏萍担任主审，第一部分的课题和单元练习由济源职业技术学院章明编写，第一部分的综合练习由济源职业技术学院丁刚编写，第二部分由张学明编写，在编写过程中济源职业技术学院张明伟参加了一些图形绘制工作。

由于编者水平有限，书中难免有一些不足之处，恳请读者批评指正。

编　者

2011 年 4 月

目　录

第一部分　数控车削部分

课题一　数控车床的安全操作规程

目的要求：熟记并认真执行安全操作规程。

主要内容：

（1）开机前要检查润滑油是否充裕、冷却液是否充足，发现不足应及时补充。

（2）打开数控车床电器柜左端下方的电器总开关。

（3）按下数控车床控制面板上的“ON”按钮，启动数控系统，等自检完毕后进行正常操作。

（4）手动返回数控车床参考点。首先返回 $+Z$ 方向的参考点，然后返回 $+X$ 方向的参考点。

（5）安装刀具时应注意操作安全。在装入刀具时应将刀柄和刀具擦拭干净。

（6）数控车床出现报警时，要根据报警信号查找原因，及时排除警报。

（7）手动操作时，靠近工件时快速倍率应该为20%～40%，准备切削工件时进给倍率应该为20%～40%，然后以此速度切削工件。注意快速倍率不能用于进给切削，以免切削过程中撞刀。

（8）在自动运行程序前，必须认真检查程序，确保程序的正确性。在操作过程中必须集中注意力，谨慎操作。运行程序中，一旦发现问题，及时按下复位按钮或紧急停止按钮。

（9）加工完毕后，应把刀架停放在远离工件的换刀位置。

（10）实习学生在操作时，旁观的同学禁止按控制面板上的任何按钮、旋钮，以免发生意外事故。

（11）严禁任意修改、删除机床参数。

（12）关机前，应使刀具处于较远位置，把工作台上的切屑清理干净，把机床擦拭干净。

（13）关机前，先关闭系统电源，再关闭电器总开关。

记录与思考：

课题二　数控车床的维护和保养

目的要求：能够区分冷却液、煤油润滑油，掌握维护和保养数控车床的方法。

主要内容：

（1）开机前要检查润滑油是否充裕、冷却液是否充足，发现不足应及时补充。

（2）打开数控车床电器柜上的电器总开关，拔起急停按钮。

（3）按下数控车床控制面板上的“ON”按钮，启动数控系统，等自检完毕后进行数控铣床的强电复位。

（4）手动返回数控车床参考点。首先返回 $+Z$ 方向的参考点，然后返回 $+X$ 方向的参考点。

（5）手动操作时，在 X、Z 移动前，必须使刀架远离工件，以免撞刀。

（6）数控车床出现报警时，要根据报警信号查找原因，及时排除警报。

（7）安装和更换刀具时应注意操作安全。在刀架远离工件时手动安装刀具到转动刀架上或者进行手动、自动换刀。

（8）在自动运行程序前，必须认真检查程序，确保程序的正确性。在操作过程中必须集中注意力，谨慎操作。运行程序中，一旦发现问题，及时按下复位按钮或紧急停止按钮。

（9）加工完毕后，应把刀架停放在远离工件的换刀位置。

（10）实习学生在操作时，旁观的同学禁止按控制面板上的任何按钮、旋钮，以免发生意外事故。

（11）严禁任意修改、删除机床参数。

（12）关机前，应使刀具处于远离工件位置，把工作台上的铁屑清理干净，把机床擦拭干净。

（13）关机前，先关闭系统电源，再关闭数控机床的总开关。

记录与思考：

课题三　数控车床的结构

目的要求：掌握数控车床的基本结构。

主要内容：

数控车床大体由输入装置、数控装置、伺服系统和机床本体组成。

1. 输入装置

输入装置与输入方法有关，输入方法有以下三种：

(1) 控制介质输入，阅读机、磁带机、磁盘输入程序或者参数。

(2) 手工输入，从操作面板键盘手工输入程序或者参数。

(3) 直接输入存储器，CF 卡、U 盘输入程序或者参数。

2. 数控装置

数控装置由硬件和软件两大部分组成。

硬件包括 CRT、MDI 面板、操作面板、功能模块。

系统软件一般由输入、译码、数据处理、插补运算、速度控制、输出控制、管理程序和诊断程序组成。

3. 伺服系统

伺服系统包括驱动装置、执行机构及位置、速度检测反馈装置。

4. 机床本体

机床本体主要包括主运动部件、进给运动部件、支撑部件、冷却、润滑、转位部件、位置检测反馈装置等。

记录与思考：

课题四　数控车床操作故障排除一

目的要求：掌握解除超程报警的方法。

主要内容：

数控车床经常会出现超程报警，原因是手动或自动状态下，X、Z 轴行程开关撞击到限位开关上，导致 $+X$、$-X$、$+Z$、$-Z$ 出现断路，从而使 + ESP 断电，继而导致光耦不发光，NC 系统产生中断，系统产生超程报警。

解除办法：按下限位暂时解除开关（GSK 的为绿色的小按钮，参照说明书，其他机床也有相应的解除按钮），手动或手轮状态下使报警的轴刀架反向运动，使刀架远离限位开关，最后按复位键"RESET"进行复位。

记录与思考：

课题五　数控车床操作故障排除二

目的要求：能够排除电气故障。

主要内容：

数控车床的数控装置结构如下图所示。数控装置常见的电气报警有编码器分辨报警和电气保护跳闸故障。

编码器分辨报警产生的原因：编码器的码盘停在盲区，产生 1 或者 0 的信号，从而使 NC 驱动器或 NC 分辨不清，会产生如 X 轴或 Z 轴伺服未准备好的报警，用扳手转动相应的轴消除报警。

电气保护跳闸故障不会产生报警。如过热保护、过流保护、过压或欠压保护、断路保护，都会使相应的保护开关跳闸，从而使数控车不工作，但是 NC 不会出现报警。此时需要打开电气柜把相应的保护开关合上。

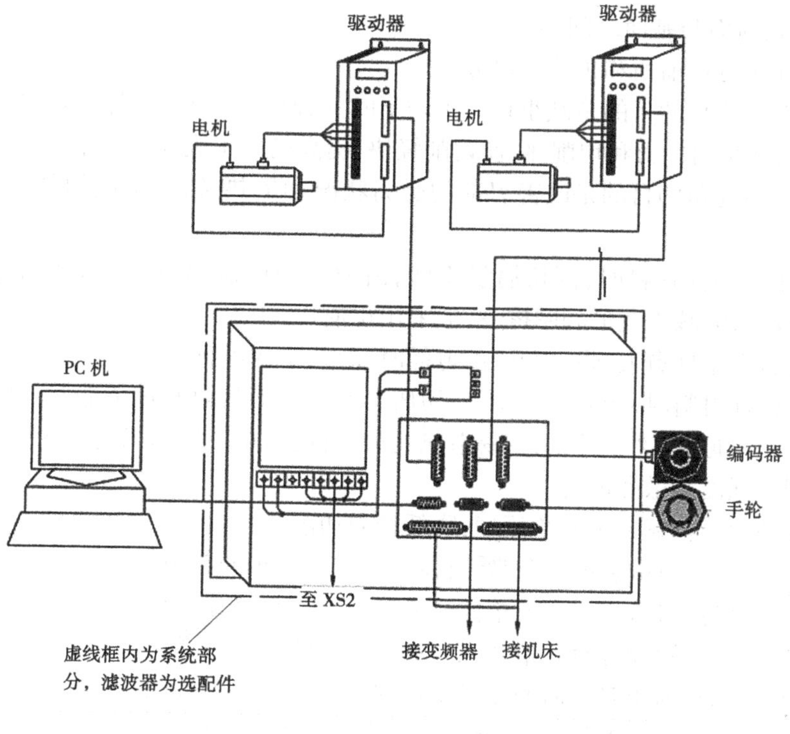

数控车床的数控装置

记录与思考：

课题六　车床刀具刃磨

目的要求：掌握外圆车刀、内外螺纹车刀、内外切槽刀、镗孔刀的刃磨。

主要内容：

磨刀首先要考虑刀具的角度：前角、后角、刀尖角、刃倾角；其次，还要适当磨一个修光刃，根据需要开断屑槽。前角的大小直接影响切削力、切削温度和切削功率，影响刀头的强度与散热体积，从而影响刀具的耐用度。大前角的优点：切削力小，切削热小，抑制积屑瘤，不易震动；缺点：刀头强度低，散热体积小，弯曲应力大，易造成崩刃，不易断屑。后角的主要功用是减少后刀面与加工表面之间的摩擦。大后角的优点：摩擦较小，能提高加工表面质量，钝圆半径值小，切削刃锋利，提高刀具耐用度；缺点：精加工不宜采用，刀头强度低，散热体积小。

1. 前角

前角是前面与基面之间的夹角。

(1)前角有正前角和负前角之分。

(2)取正前角的目的是减小切屑被切下时的弹性变形和切屑流出时与前面的摩擦阻力，从而减小切削力和切削热，使切削轻快，提高已加工表面的质量。

(3)取负前角的目的是改善刃部的受力状况和散热条件，提高切削刃强度和耐冲击能力。

(4)加工塑性材料时，因切屑呈带状，沿刀具前面流出时和前面接触长度 L 较长时，摩擦较大，为减小变形和摩擦，一般采用正前角。

工件材料塑性愈大，强度和硬度愈低时，前角应选得愈大。

加工脆性材料时，产生崩碎切屑，切屑与刀具前面接触长度 L 较短，切削力集中作用在切削刃附近，且产生冲击，容易造成崩刃，所选前角应比加工塑性材料时小一些，以提高切削刃强度和散热能力。

加大前角可抑制或消除积屑瘤，降低径向切削分力。

加工硬度高、机械强度大及脆性材料时，应取较小的前角。

加工硬度低、机械强度小及塑性材料时，应取较大的前角。

粗加工应取较小的前角，精加工应取较大的前角。

高速切削时，前角对切屑的变形及切削力的影响较小，可取较小的前角。

机床、夹具、工件、刀具系统刚性差时，应取较大的前角。

2. 后角

后角是主后面与切削平面之间的夹角。

后角的作用是：减小后刀面与过渡面之间的摩擦，影响楔角的大小，从而配合前角调整切削刃的锋利程度和强度。

粗车时，为保证切削刃强度，取较小后角。

精车时，为保证已加工表面质量，取较大后角。

工件材料强度和硬度较高时，取较小后角。

工件材料塑性和弹性较大或易产生加工硬化时，取较大后角。

采用负前角车刀，后角应取大些。

刀尖角根据需要，结合角度卡片，要求磨好之后，刀刃放入磨刀样板相应的角度之后，没有缝隙。刃倾角不超过 3°。对磨刀的砂轮也有要求，砂轮根据刀具的材质合理选用，氧化铝、氧化硅或金刚石的砂轮，砂轮表面平整，砂轮启动后转动匀速平稳。磨削面使用前要用金刚石修整，磨刀时手上用力要均匀，力度适中。先粗磨，再细磨，如果要求光洁度较高，还可用油石或研磨料精研，磨完后仔细观察，看看刀具刃口有无崩口和裂纹等缺陷。

磨刀样板

车削及镗削刀具(一)

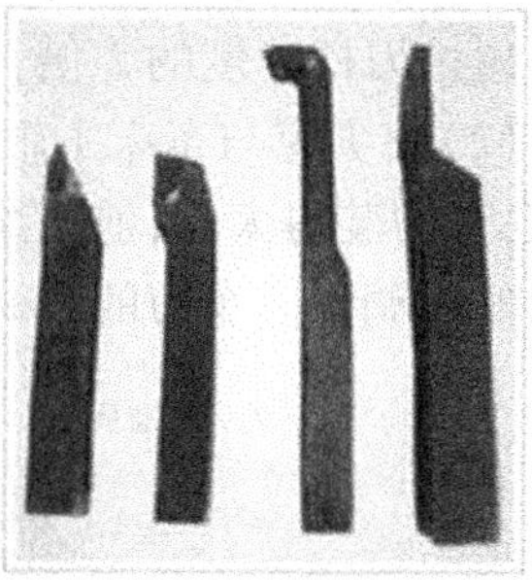

车削及镗削刀具(二)

记录与思考：

课题七　安装及调整车刀，调整尾座

目的要求：掌握安装及调整车刀的方法，调整尾座的方法。

主要内容：

车刀必须正确牢固地安装在刀架上，如下图所示。

安装车刀应注意下列几点：

(1)刀头不宜伸出太长，否则切削时在切削力的作用下容易产生振动，刀杆刚性相对减弱，使车出的工件表面不光洁，影响工件加工精度和表面粗糙度。一般刀头伸出长度不超过刀杆厚度的2倍，能看见刀尖车削即可。

(2)刀尖应与车床主轴中心线等高。车刀装得太高，后角减小，后刀面与工件加剧摩擦；车刀装得太低，前角减小，切削不顺利，会使刀尖崩碎。刀尖的高低可根据尾架顶尖高低来调整。车刀的正确安装如图(a)所示。

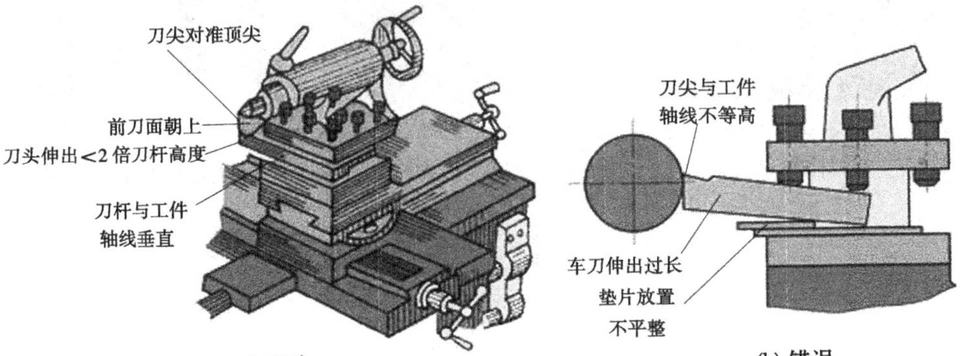

(a) 正确　　(b) 错误

车刀的安装示意图

(3)粗车外圆时，可将车刀装得比工件中心稍高一些；精车外圆时，可将车刀装得比工件中心稍低一些。车刀与工件的距离要根据工件直径的大小来确定，无论装高或装低，一般不能超过工件直径的1%。

(4)车刀底面的垫片要平整，并尽可能用厚垫片，以减少垫片数量。调整好刀尖高低后，至少要用两个螺钉交替将车刀拧紧。

(5)车刀装上后，要紧固刀架螺钉，一般要紧固两个螺钉。紧固时，应轮换逐个拧紧。同时要注意，一定要使用专用扳手，不允许再加套管等，以免使螺钉受力过大而损伤。

尾座经常在导轨上移动，加上长时期的使用，致使尾座底板与床身导轨的滑动结合面磨损量较大，造成了尾座轴心线与床头箱主轴轴心线对床身导轨的等高度超差。等高度超差时严重影响被加工零件精度。

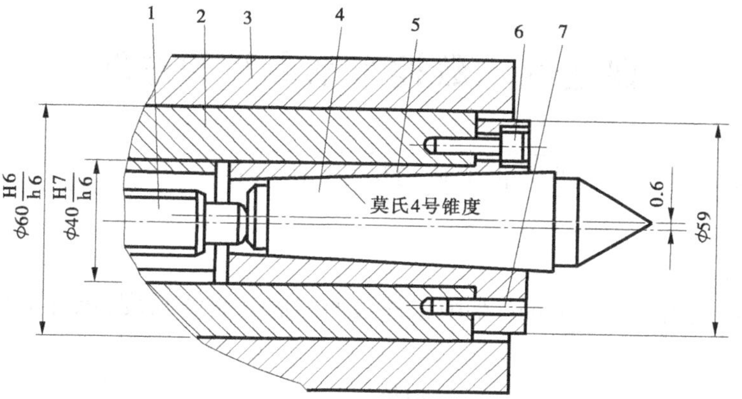

1—丝杠;2—套筒;3—尾座体;4—顶尖;5—偏心套;6—螺钉(两个);7—锥销(两个)

尾座顶尖图

改进方法及顺序:首先将尾座套筒2拆卸下来,把原来的莫氏4号锥孔改制成φ40H7的圆柱孔,再按图中所示,制造一个外圆φ40h6、内孔为莫氏4号锥孔且偏心量为0.8 mm(图中0.6 mm为实测值)的偏心套5,而后将偏心套5装入尾座套筒2内,并同时预确定好偏心位置,然后将尾座套筒2等零件按原位置装入尾座体3。

调整与测量:按检验等高的方法,装好检验棒,固定好百分表,并使其测头在垂直平面内触及检验棒,移动溜板在检验棒的两极限位置上检验,同时依床头箱主轴中心高度调整偏心套5的偏心位置,使其转至等高要求精度。还应利用尾座本身原有装置调整找正尾座套筒轴心线在水平面内对主轴轴心线的平行度,然后配作紧定偏心套5的螺钉6孔和定位锥销7(内螺纹圆锥销GB118)。

工作原理:当尾座套筒锥孔中心比床头箱主轴锥孔中心偏低时,放松紧固螺钉6,拔出锥销7,根据需要拨转偏心套5,即可调整尾座套筒的中心高度,调整后重新配作定位锥销。

记录与思考:

课题八　数控车削参数的选取

目的要求：掌握切削速度、进给量、背吃刀量等切削三要素。

主要内容：

1. 切削速度 v

切削速度是指车刀在 1 min 车削工件表面的展开直线长度，也称圆周运动的线速度。

$$v = \frac{\pi D n}{1\ 000} \quad (\text{m/min})$$

式中：D 为工件直径，mm；n 为主轴转速，r/min，数控车床主轴转速在 800 ~ 1 000 r/min 为宜。

2. 进给量 f

进给量是指工件旋转一圈，车刀沿走刀方向移动的距离。有纵向走刀量和横向走刀量之分，单位为 mm/rad。

进给量粗车时以 0.12 ~ 0.2 mm/rad 为宜，精车时以 0.02 ~ 0.06 mm/rad 为宜。

3. 背吃刀量 t

背吃刀量是指工件的待加工表面和已加工表面的垂直距离，即车刀吃进工件的深度。

$$t = \frac{D - d}{2} \quad (\text{mm})$$

式中：D 为待加工表面直径，mm；d 为已加工表面直径，mm。

粗车外圆时，背吃刀量为 2 ~ 5 mm；精车外圆时，背吃刀量不超过 0.5 mm；螺纹车削时，背吃刀量前两次不要超过 0.5 mm，之后不要超过 0.2 mm。

记录与思考：

课题九　FANUC 0i－MA 数控车床操作一

目的要求：掌握手动操作和自动运行。

主要内容：

1. 手动操作

(1)手动返回参考点　　(2)JOG 进给(手动连续进给)

(3)增量进给　　(4)手轮进给

(5)手动绝对值通和断

2. 自动运行

(1)存储器运行　　(2)MDI 运行

(3)DNC 运行　　(4)程序再启动

(5)子程序调用功能　　(6)手轮中断

(7)镜像　　(8)手轮干预和返回

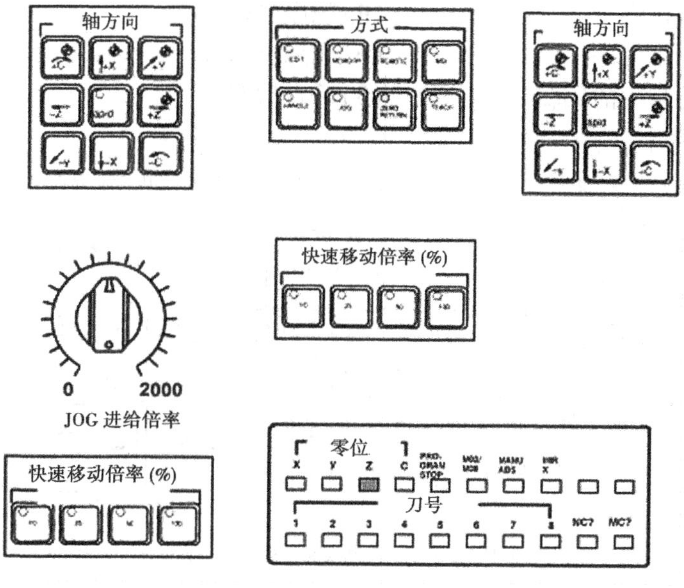

记录与思考：

课题十　FANUC 0i - MA 数控车床操作二

目的要求: 掌握创建程序和编辑程序。

主要内容:

1. 创建程序

(1)用 MDI 面板创建程序　　(2)自动插入顺序号

(3)在示教方式中创建程序　　(4)图形功能

2. 编辑程序

(1)字的插入、修改和删除

①字的检索　　②指向程序头

③字的插入　　④字的删除

(2)删除程序段

①删除一个程序段　　②删除多个程序段

(3)程序号检索　　(4)顺序号检索

(5)删除一个程序　　(6)删除全部程序

(7)用户宏程序的编辑　　(8)后台编辑

(9)口令编辑

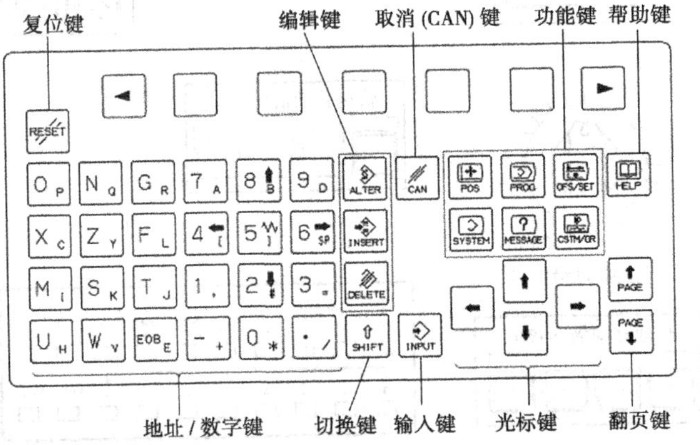

记录与思考:

课题十一　FANUC 0i－MA 数控车床操作三

目的要求：掌握试运行、安全功能、报警和自诊断功能、数据输入输出。

主要内容：

1. 试运行

(1)机床锁住和辅助功能锁住　(2)进给速度倍率

(3)快速移动倍率　(4)空运行

(5)单步运行

2. 安全功能

(1)急停　(2)超程

(3)存储式行程限位检查　(4)卡盘和尾架屏障

(5)移动前的冲程极限检查

3. 报警和自诊断功能

(1)报警显示　(2)报警履历显示

(3)自诊断画面检查

4. 数据的输入输出

(1)文件　(2)文件检索

(3)文件删除　(4)程序的输入输出

(5)参数及螺距误差补偿数据输入输出　(6)偏置数据的输入输出

(7)输入输出用户宏程序公共变量　(8)显示软盘目录

(9)输出软盘目录　(10)输出制定组的程序清单

(11)ALL IO 画面下数据的输入　(12)利用存储卡输入输出数据

5. 图形功能

(1)图形显示　(2)动态图形

记录与思考：

课题十二　FANUC 0i－MA 数控车床的对刀

目的要求:熟练掌握 FANUC 0i－MA－TC 数控车床的对刀方法。

主要内容:

对刀有三种方法:①对刀仪对刀;②试切法对刀;③定点对刀法对刀。

X 向对刀方法:

①在卡盘上夹一毛坯件;

②进入手动操作方式;

③选择需要对的刀具;

④设定适当的主轴转速和手动速度;

⑤车出一小段外圆或内孔,手动退出刀具测量切削后的外圆直径;

⑥按“Xsav”键、“刀具偏置”键,输入步骤⑤测量出的直径量,按“ENTER”键后再按“存储”键存盘。

Z 向对刀方法:

①进入手动操作方法;

②再次启动机床,移动刀架,用同一把刀在工件毛坯上车出一端面;

③手动退出,沿 *X* 轴退出刀具停车;

④按“Zsav”键,输入零,然后按“ENTER”键确认后再按“刀具偏置”键,此时该刀具在工件坐标系中的相对位置已确定;

⑤按“测量”测出工件直径后,按“ENTER”键后再按“存储”键存盘。

记录与思考:

课题十三　SIEMENS 802S/C 数控车床操作一

目的要求：掌握 SIEMENS 802S/C 手动控制运行和自动方式。

主要内容：

1. 手动控制运行

(1)JOG 运行方式——“加工”操作区；

(2)手轮的运用；

(3)MDA 运行方式(手动输入)——“加工”操作。

2. 自动方式

(1)选择和启动零件程序——“加工”操作；

(2)程序段搜索——“加工”操作；

(3)“停止”、“中断”零件程序——“加工”操作；

(4)执行外部程序(有 RS232 接口输入)。

记录与思考：

课题十四　SIEMENS 802S/C 数控车床操作二

目的要求：掌握零件编程和通信诊断。

主要内容：

1. 零件编程

(1)输入新程序——“程序”操作；

(2)零件程序的编辑——“程序”运行方式；

(3)辅助程序；

(4)垂直菜单；

(5)循环；

(6)轮廓；

(7)软件的用户设定。

2. 通信诊断

(1)通过 RS232 接口进行数据传输；

(2)接口参数；

(3)特殊功能；

(4)接口参数的设定；

(5)诊断和开机调试——“诊断”操作。

记录与思考：

课题十五　SIEMENS 802S/C 数控车床操作三

目的要求：掌握 SIEMENS 802S/C 数控系统循环指令应用。

主要内容：

(1)钻削，沉孔加工——LCYC82；

(2)深孔钻削——LCYC83；

(3)螺纹切削——LCYC97；

(4)镗孔——LCYC85；

(5)切削循环——LCYC93；

(6)退刀槽切削循环——LCYC94；

(7)毛坯切削循环——LCYC95。

记录与思考：

课题十六　SIEMENS 802S/C 数控车床的对刀

目的要求：熟练掌握 SIEMENS 802S/C 数控车床的对刀方法。

主要内容：

对刀有三种方法：①对刀仪对刀；②试切法对刀；③定点对刀法对刀。

X 向对刀方法：

①在卡盘上夹一毛坯件；

②进入手动操作方式；

③选择需要对的刀具；

④设定适当的主轴转速和手动速度；

⑤车出一小段外圆或内孔，手动退出刀具，然后测量切削后的外圆直径或内孔直径；

⑥按“Xsav”键、“刀具偏置”键，输入步骤⑤中测量出的直径量，按“ENTER”键后再按“存储”键存盘。

Z 向对刀方法：

①进入手动操作方法；

②再次启动机床，移动刀架，用同一把刀在工件毛坯上车出一端面；

③手动沿 *X* 轴退出刀具后停车；

④按“Zsav”键，输入零，然后按“ENTER”键确认后再按“刀具偏置”键，此时该刀具在工件坐标系中的相对位置已确定；

⑤按“测量”测出工件直径后，按“ENTER”键后再按“存储”键存盘。

记录与思考：

单元练习一

G00 G01 **练习**

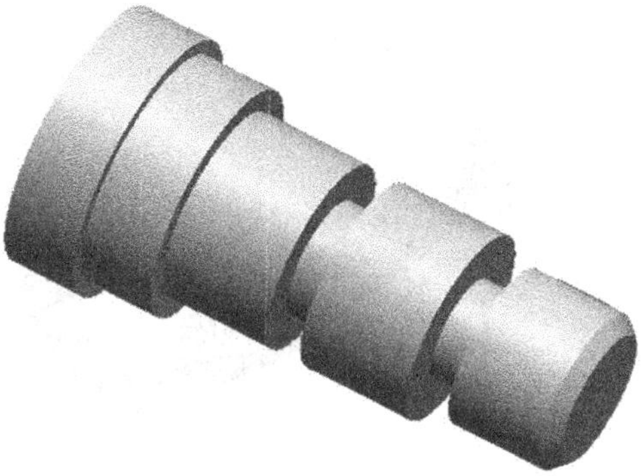

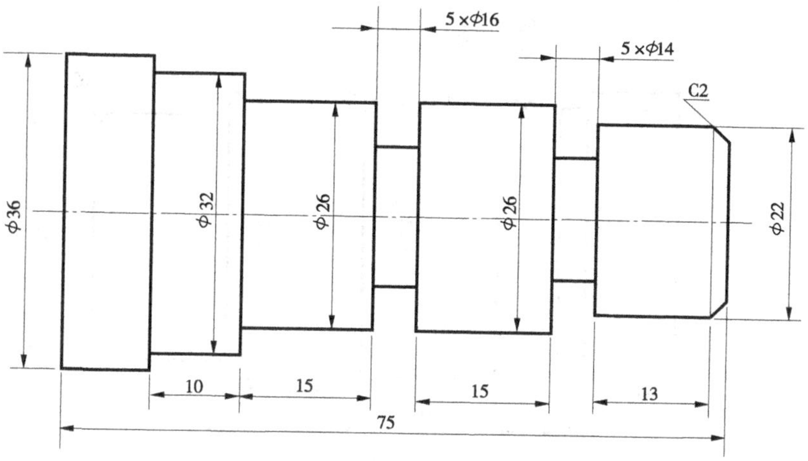

机床选择

夹具选择

刀具选择

工件坐标系原点

主轴转速 *S*

进给量 *F*

背吃刀量

起刀点

工艺分析：

程序：

单元练习二

G02 G03 练习

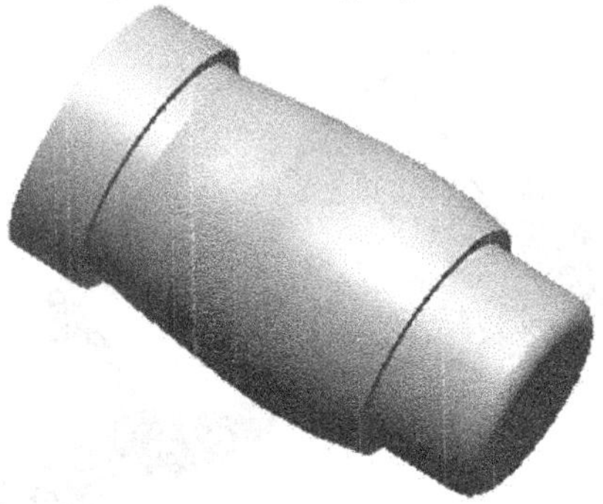

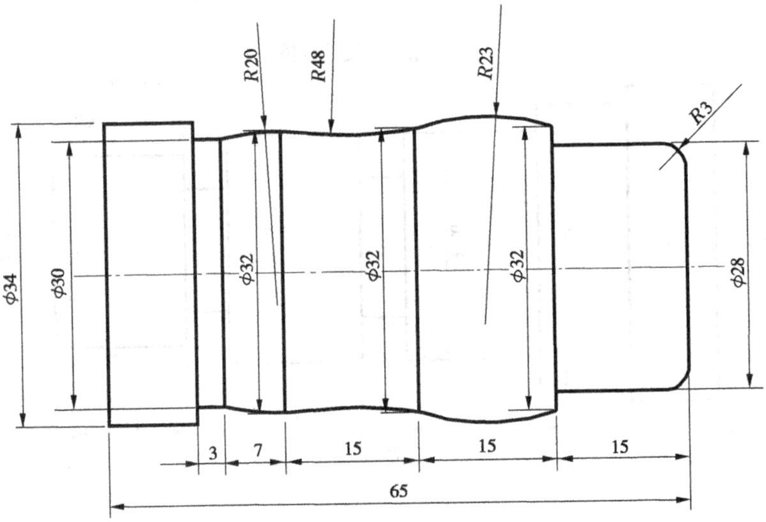

机床选择

夹具选择

刀具选择

工件坐标系原点

主轴转速 S

进给量 F

背吃刀量

起刀点

工艺分析：

程序：

单元练习三

G71 练习

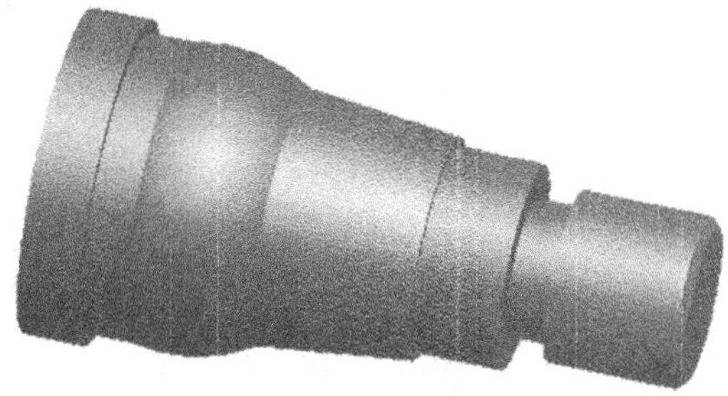

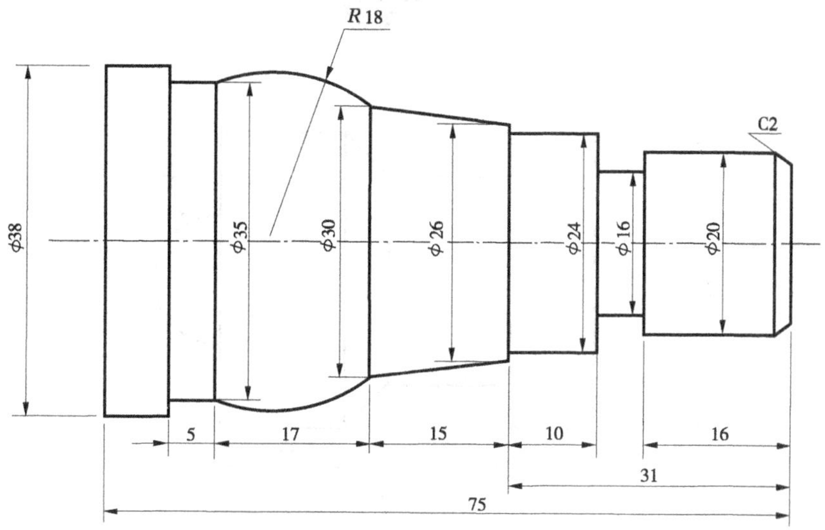

机床选择

夹具选择

刀具选择

工件坐标系原点

主轴转速 *S*

进给量 *F*

背吃刀量

起刀点

工艺分析：

程序：

单元练习四

G72 练习

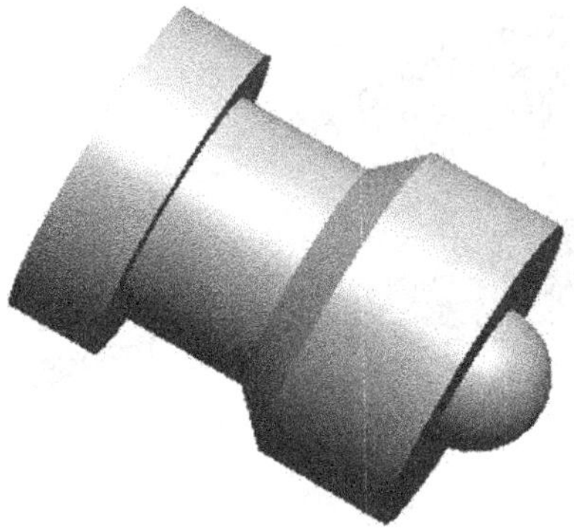

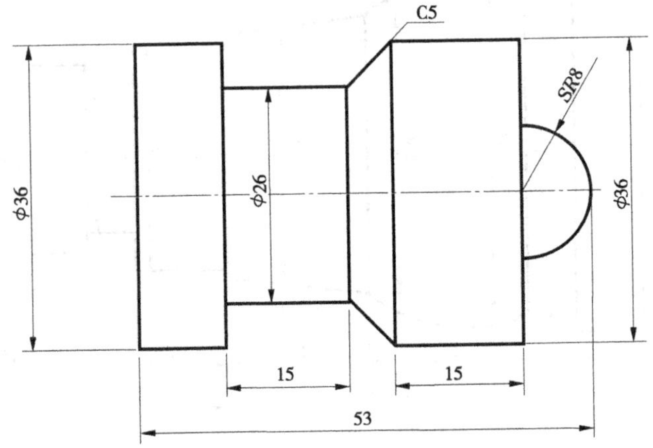

机床选择

夹具选择

刀具选择

工件坐标系原点

主轴转速 *S*

进给量 *F*

背吃刀量

起刀点

工艺分析：

程序：

单元练习五

G73　练习

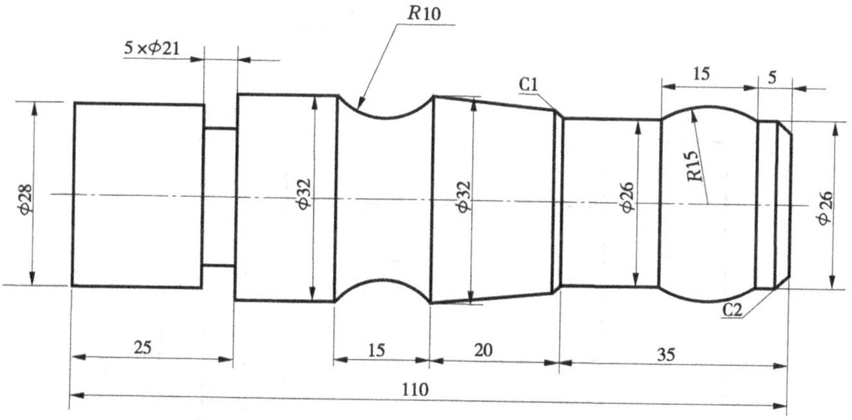

机床选择

夹具选择

刀具选择

工件坐标系原点

主轴转速 *S*

进给量 *F*

背吃刀量

起刀点

工艺分析：

程序：

单元练习六

G75　练习

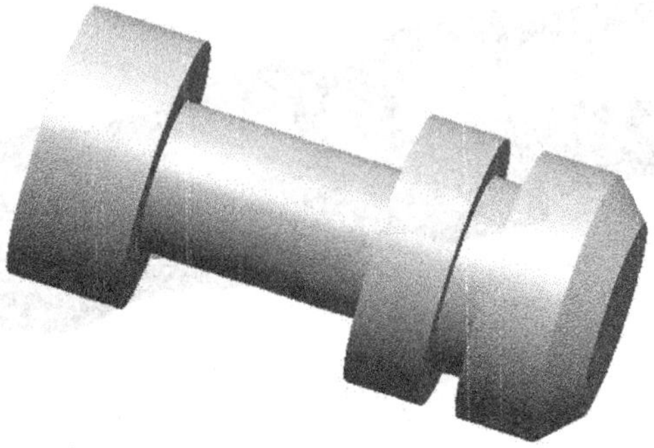

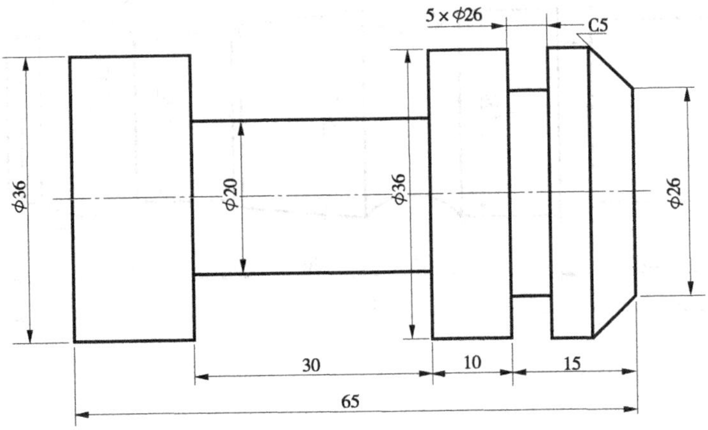

机床选择
夹具选择
刀具选择
工件坐标系原点
主轴转速 *S*
进给量 *F*
背吃刀量
起刀点
工艺分析：
程序：

综合练习一

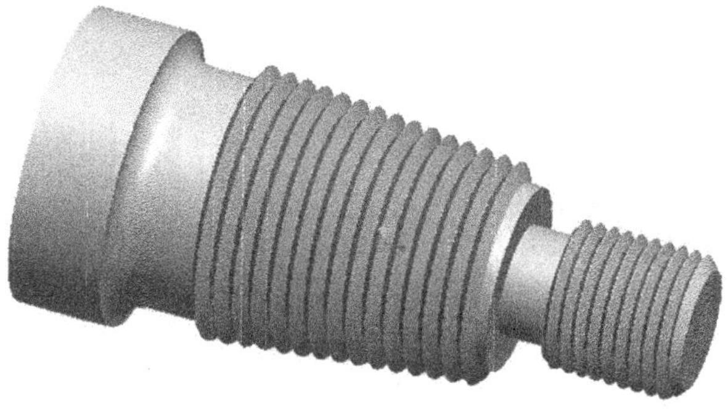

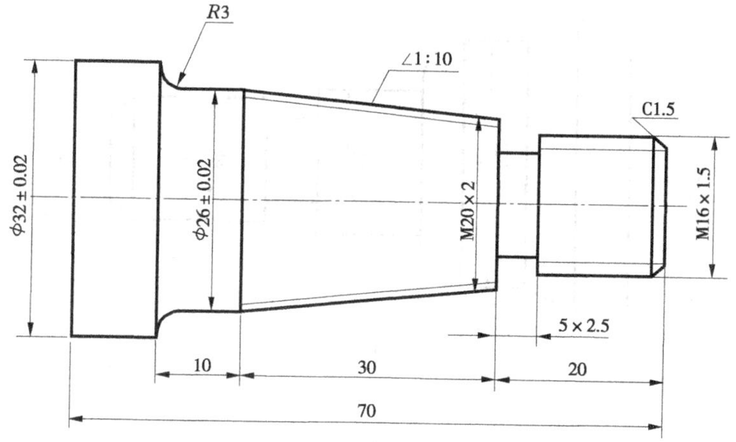

综合练习二

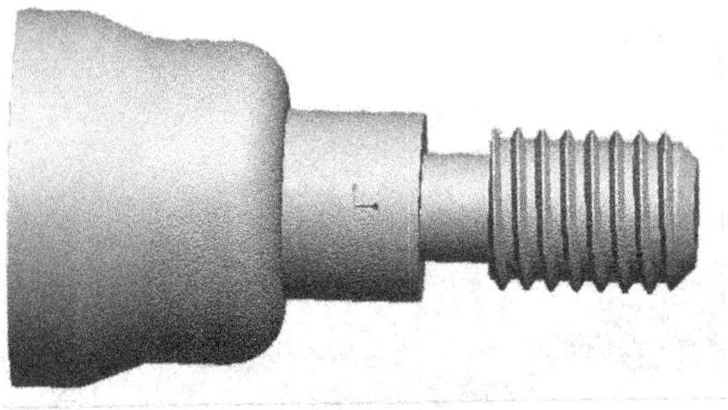

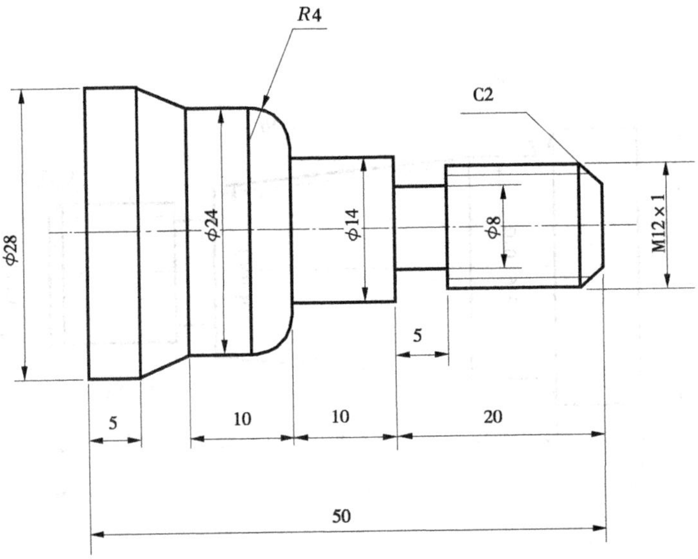

综合练习三

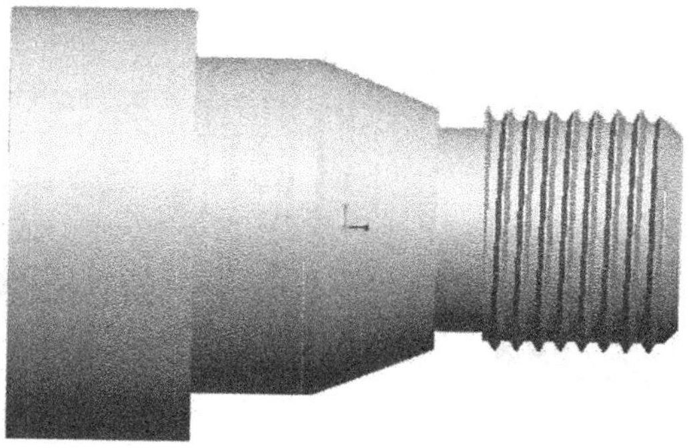

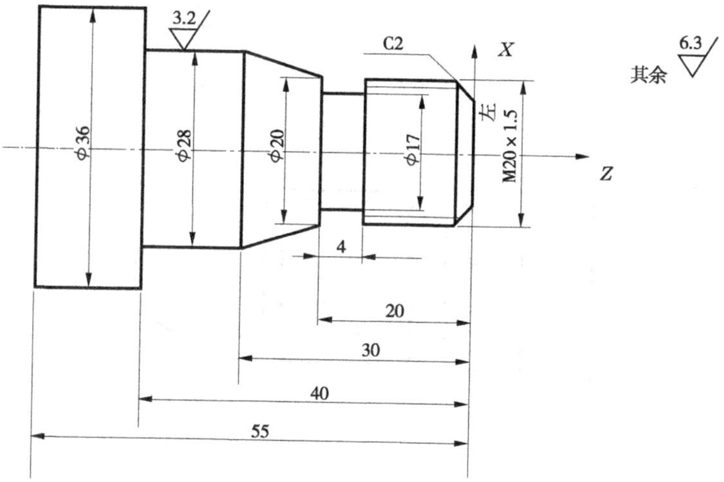

综合练习四

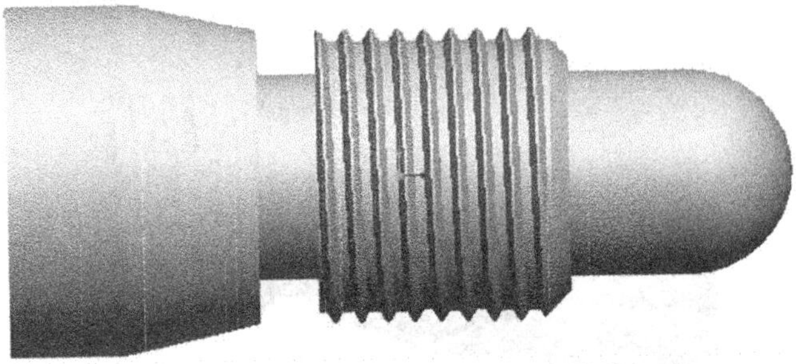

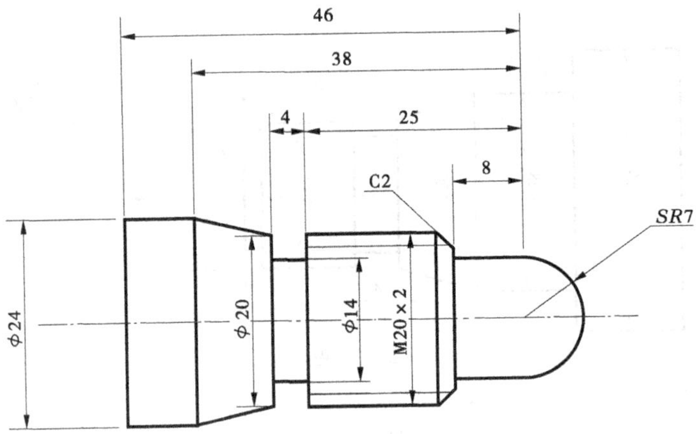

综合练习五

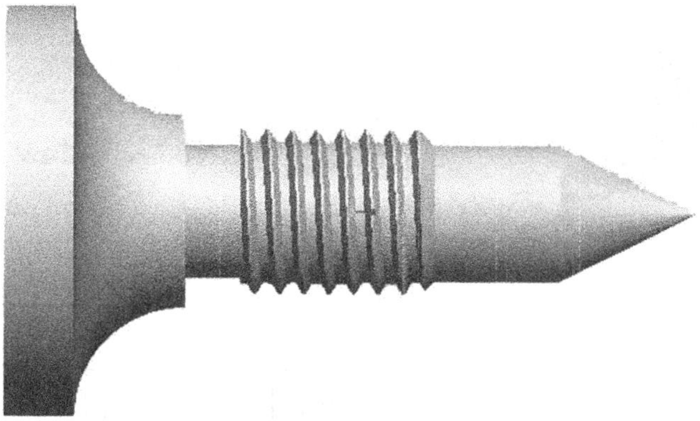

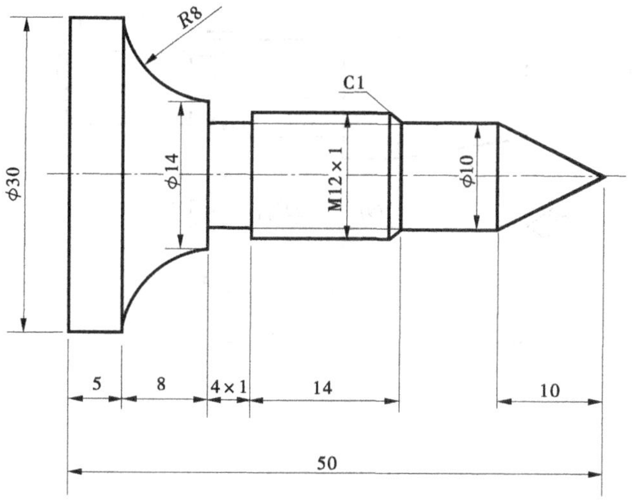

综合练习六

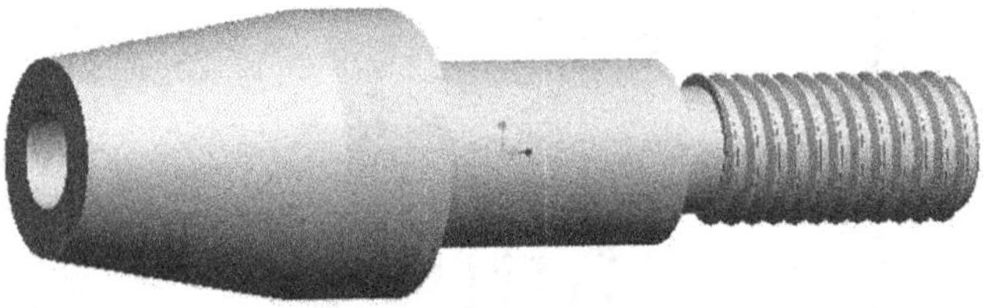

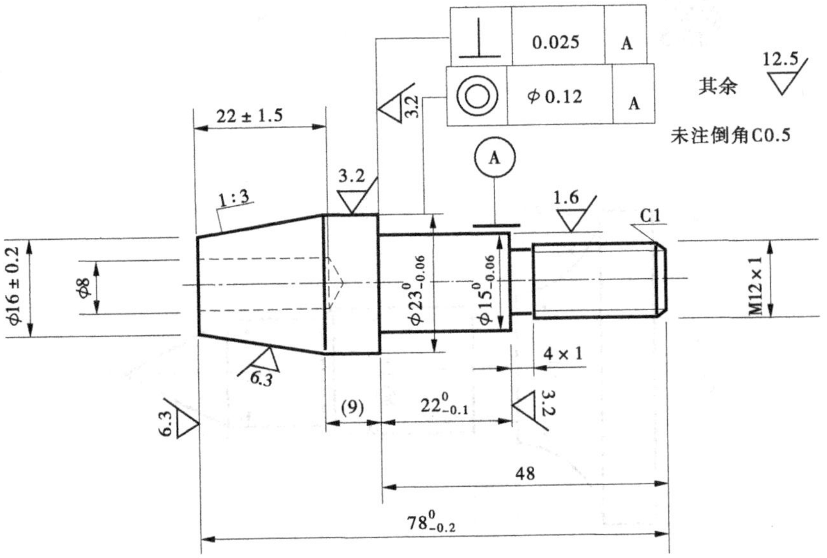
0.025
A
φ0.12
A
12.5
其余
未注倒角C0.5
3.2
22 ± 1.5
1:3
3.2
A
1.6
C1
φ16 ± 0.2
φ8
$\phi 23^{0}_{-0.06}$
$\phi 15^{0}_{-0.06}$
M12 × 1
4 × 1
6.3
6.3
(9)
$22^{0}_{-0.1}$
3.2
48
$78^{0}_{-0.2}$

综合练习七

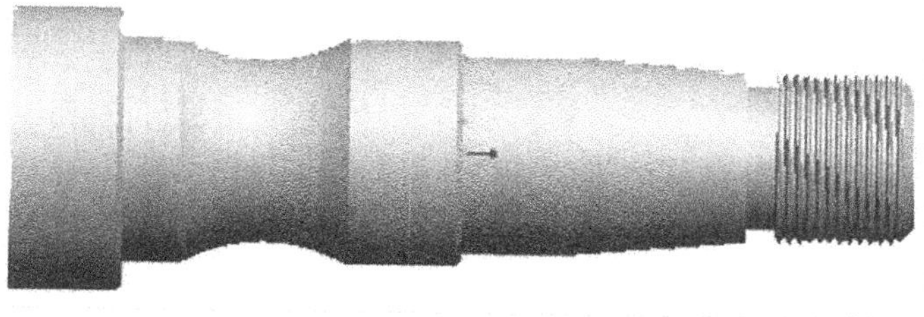

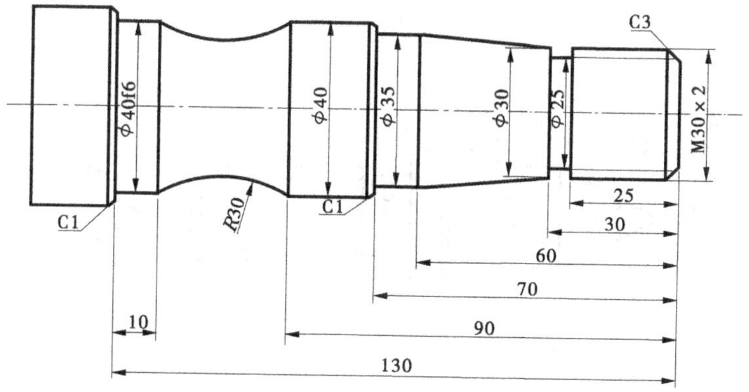

综合练习八

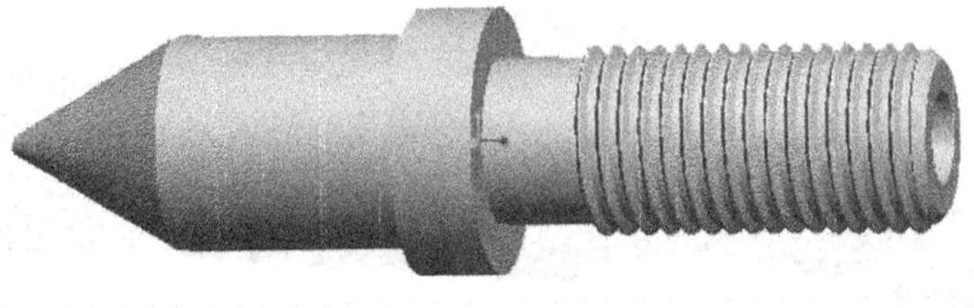

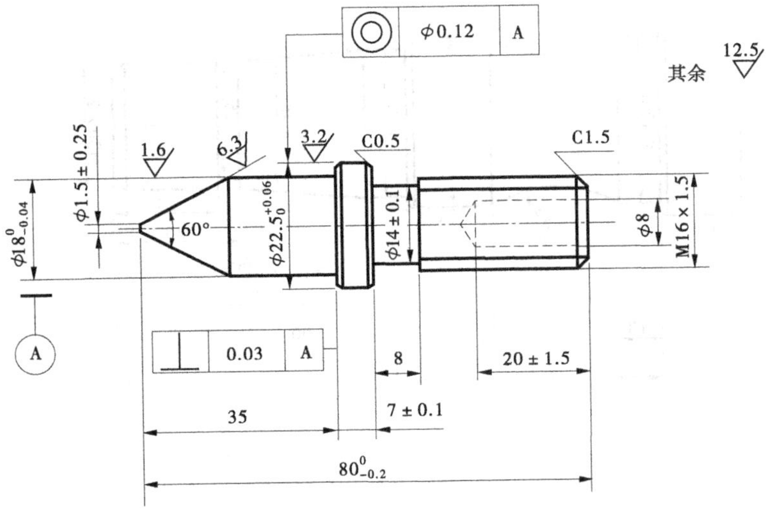

ϕ0.12
A
12.5
其余
1.6
6.3
3.2
C0.5
C1.5
ϕ1.5 ± 0.25
ϕ18$^{0}_{-0.04}$
60°
ϕ22.5$^{+0.06}_{0}$
ϕ14 ± 0.1
ϕ8
M16 × 1.5
A
0.03
A
8
20 ± 1.5
35
7 ± 0.1
80$^{0}_{-0.2}$

综合练习九

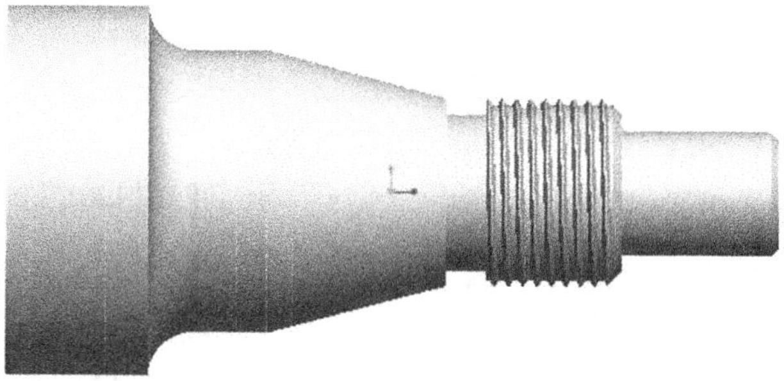

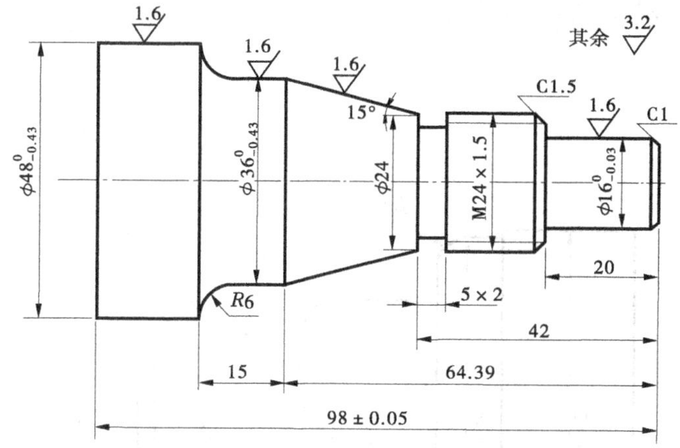

1.6
1.6
1.6
其余 3.2
C1.5
1.6
C1
15°
φ48⁰₋₀.₄₃
φ36⁰₋₀.₄₃
φ24
M24×1.5
φ16⁰₋₀.₀₃
R6
20
5×2
42
15
64.39
98±0.05

综合练习十

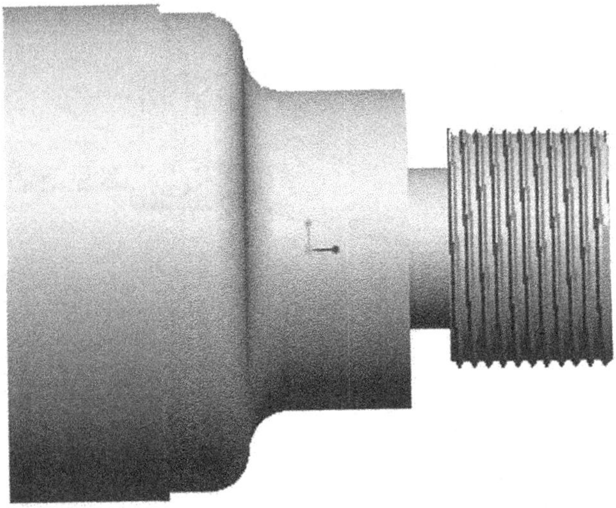

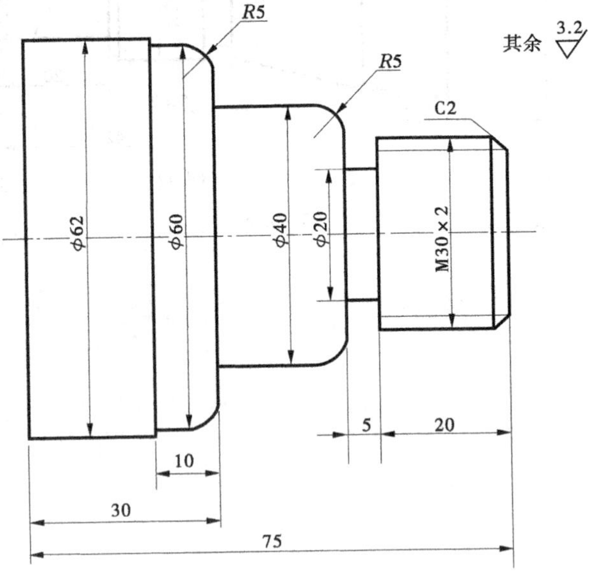

综合练习十一

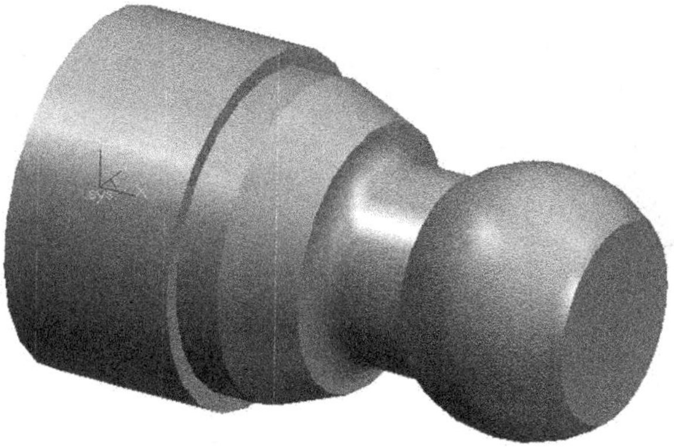

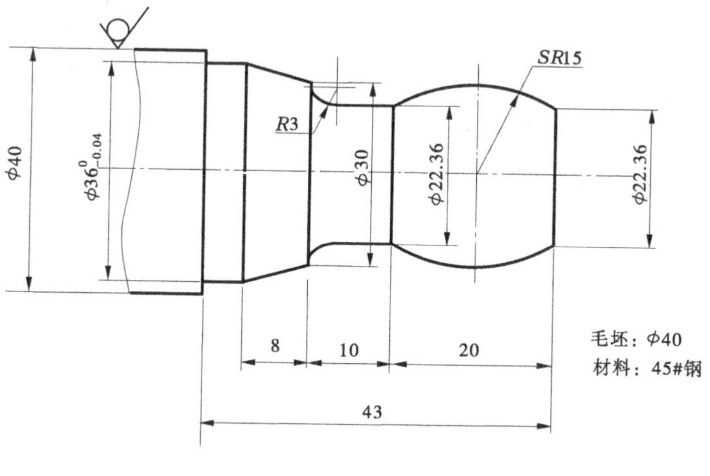

综合练习十二

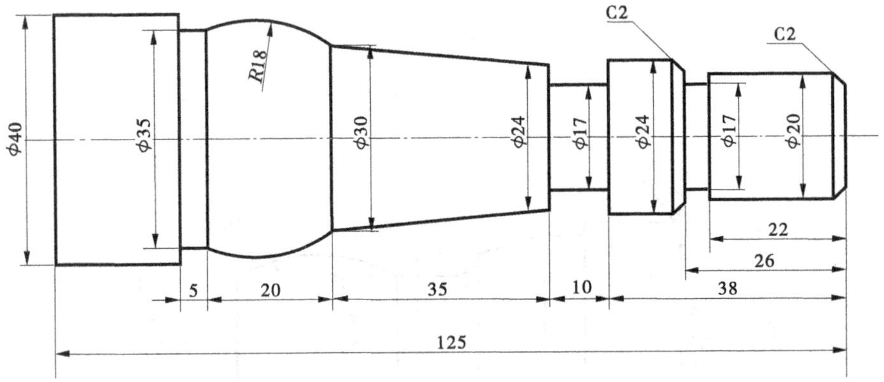

综合练习十三

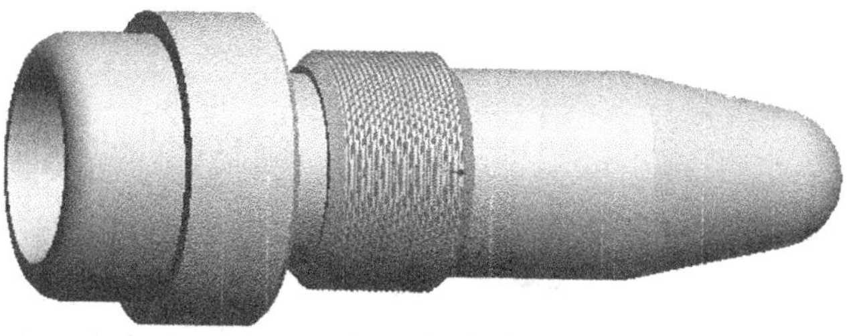

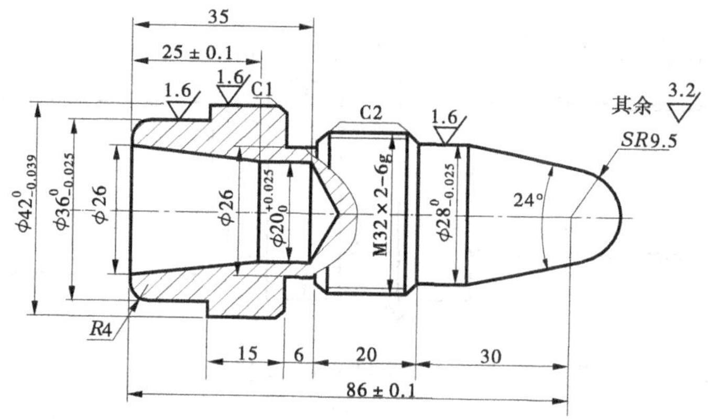
35
25 ± 0.1
1.6
1.6
C1
C2
1.6
其余 3.2
SR9.5
φ42⁰₋₀.₀₃₉
φ36⁰₋₀.₀₂₅
φ26
φ26
φ20⁺⁰·⁰²⁵₀
M32 × 2–6g
φ28⁰₋₀.₀₂₅
24°
R4
15
6
20
30
86 ± 0.1

综合练习十四

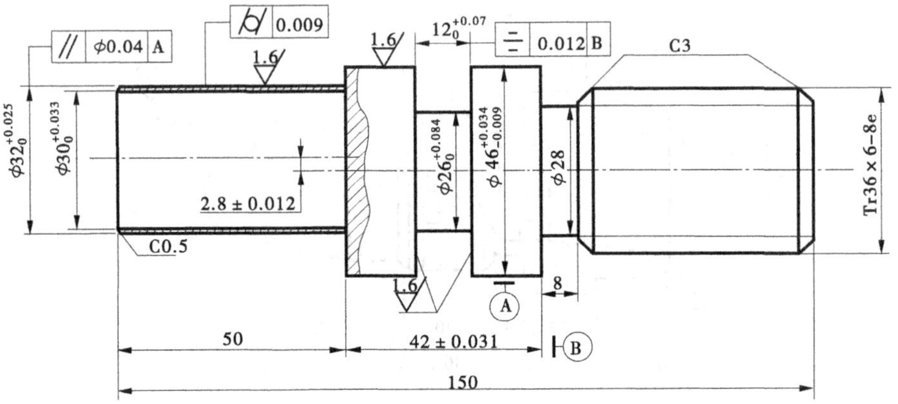

// φ0.04 A
0.009
1.6
1.6
$12_0^{+0.07}$
= 0.012 B
C3
$\phi32_0^{+0.025}$
$\phi30_0^{+0.033}$
2.8 ± 0.012
C0.5
$\phi26_0^{+0.084}$
$\phi46_{-0.009}^{+0.034}$
φ28
Tr36×6-8e
1.6
A
8
50
42 ± 0.031
B
150

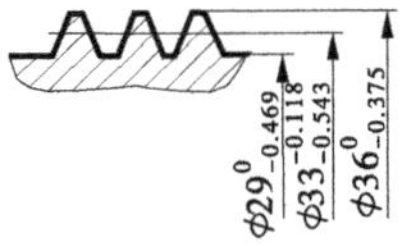

$\phi29_{-0.469}^{0}$
$\phi33_{-0.543}^{-0.118}$
$\phi36_{-0.375}^{0}$

综合练习十五

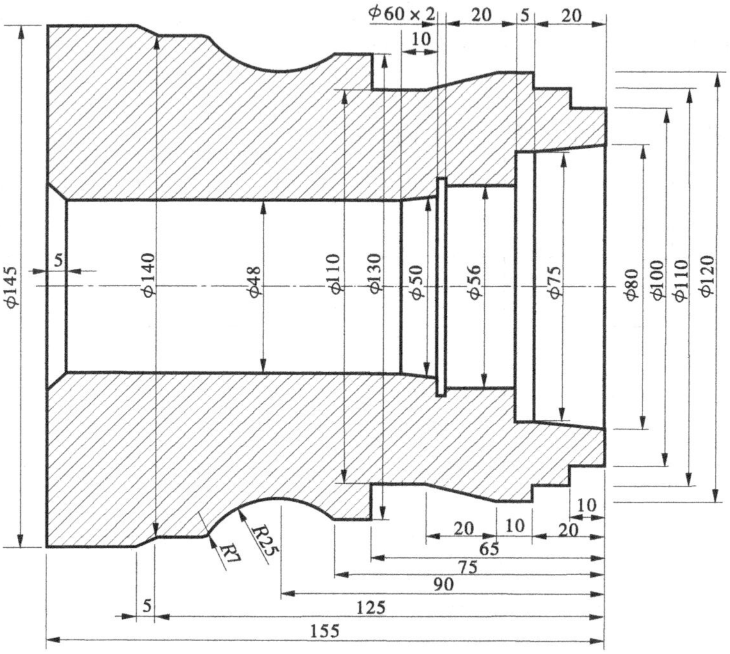
φ60×2
20
5
20
10
φ145
5
φ140
φ48
φ110
φ130
φ50
φ56
φ75
φ80
φ100
φ110
φ120
10
20
10
20
65
75
90
R7
R25
5
125
155

零件加工刀具卡片

<table>
<tr><td>零件图号</td><td>零件名称</td><td>材料</td><td>数控设备</td><td>数控系统</td><td>备注</td></tr>
<tr><td></td><td></td><td></td><td></td><td></td><td rowspan="10"></td></tr>
<tr><td rowspan="2">刀具号</td><td rowspan="2">刀具名称</td><td colspan="3">刀具</td></tr>
<tr><td>直径(mm)</td><td>补偿(mm)</td><td>长度(mm)</td></tr>
<tr><td></td><td></td><td></td><td></td><td></td></tr>
<tr><td></td><td></td><td></td><td></td><td></td></tr>
<tr><td></td><td></td><td></td><td></td><td></td></tr>
<tr><td></td><td></td><td></td><td></td><td></td></tr>
<tr><td></td><td></td><td></td><td></td><td></td></tr>
<tr><td></td><td></td><td></td><td></td><td></td></tr>
</table>

零件加工工艺卡片

<table>
<tr><td colspan="2">产品名称或代号</td><td></td><td>零件名称</td><td></td><td>机床型号</td><td></td></tr>
<tr><td>序号</td><td>刀具编号</td><td>刀具规格名称</td><td>加工内容</td><td>切削速度
(mm/min)</td><td>主轴转速
(r/min)</td><td>背吃刀量
(mm)</td></tr>
<tr><td>1</td><td></td><td></td><td></td><td></td><td></td><td></td></tr>
<tr><td>2</td><td></td><td></td><td></td><td></td><td></td><td></td></tr>
<tr><td>3</td><td></td><td></td><td></td><td></td><td></td><td></td></tr>
<tr><td>4</td><td></td><td></td><td></td><td></td><td></td><td></td></tr>
<tr><td>5</td><td></td><td></td><td></td><td></td><td></td><td></td></tr>
<tr><td>6</td><td></td><td></td><td></td><td></td><td></td><td></td></tr>
<tr><td>7</td><td></td><td></td><td></td><td></td><td></td><td></td></tr>
<tr><td>8</td><td></td><td></td><td></td><td></td><td></td><td></td></tr>
</table>

第二部分　数控铣削部分

课题一　数控铣床的安全操作规程

目的要求:熟记安全操作规程。

主要内容:

(1)开机前要检查润滑油是否充裕、冷却液是否充足,发现不足应及时补充。

(2)打开数控铣床电器柜上的电器总开关。

(3)按下数控铣床控制面板上的“ON”按钮,启动数控系统,等自检完毕后进行数控铣床的强电复位。

(4)手动返回数控铣床参考点。首先返回 $+Z$ 方向的参考点,然后返回 $+X$ 方向和 $+Y$ 方向的参考点。

(5)手动操作时,在 X、Y 向移动前,必须使 Z 轴处于较高位置,以免撞刀。

(6)数控铣床出现报警时,要根据报警信号查找原因,及时排除警报。

(7)更换刀具时应注意操作安全。在装入刀具时应将刀柄和刀具擦拭干净。

(8)在自动运行程序前,必须认真检查程序,确保程序的正确性。在操作过程中必须集中注意力,谨慎操作。运行程序中,一旦发生问题,及时按下复位按钮或紧急停止按钮。

(9)加工完毕后,应把刀架停放在远离工件的换刀位置。

(10)实习学生在操作时,旁观的同学禁止按控制面板的任何按钮、旋钮,以免发生意外事故。

(11)严禁任意修改、删除机床参数。

(12)关机前,应使刀具处于较高位置,把工作台上的切屑清理干净,把机床擦拭干净。

(13)关机前,先关闭系统电源,再关闭电器总开关。

记录与思考:

课题二　数控铣床的结构

目的要求：了解数控铣床的基本结构，数控铣床与普通铣床的区别。

主要内容：

数控铣床大体有输入装置、数控装置、伺服系统和机床本体组成。

1. 输入装置

输入装置与输入方法有关，输入方法有以下三种：

(1)控制介质输入。

(2)手工输入。

(3)直接输入存储器。

2. 数控装置

数控装置由硬件和软件两大部分组成。

3. 伺服系统

伺服系统包括驱动装置、执行机构及位置、速度检测反馈装置。

4. 机床本体

机床本体主要包括主运动部件、进给运动部件、支撑部件、冷却、润滑、转位部件、位置检测反馈装置等。

记录与思考：

课题三　FANUC 0i－MA 数控铣床技术参数

目的要求：熟记 FANUC 0i－MA 数控铣床的技术参数。

主要内容：

(1)最大控制轴数 4 轴(X、Y、Z、4TH)；

(2)最大联动轴数 4 轴(X、Y、Z、4TH)；

(3)主轴数 1；

(4)最大编程尺寸 99 999.999 mm；

(5)最小分辨率 0.01～10 m(可设置)；

(6)直线圆弧插补；

(7)固定循环旋转缩放镜像；

(8)自动加减速控制(S 曲线)；

(9)MDI 功能；

(10)故障诊断与报警；

(11)汉字操作界面；

(12)全屏幕程序在线编辑与校检功能；

(13)参考点返回；

(14)工件坐标系 G54～G59；

(15)刀具长度与半径补偿；

(16)主轴转速及进给速度倍率控制。

记录与思考：

课题四　FANUC 0i – MA 数控铣床操作装置

目的要求:熟悉 FANUC 0i – MA 数控铣床操作装置。

主要内容:

(1)操作台结构。FANUC 0i – MA 数控铣床数控装置操作台为标准固定装置。

(2)显示器。

(3)NC 键盘。

(4)机床控制面板。标准机床控制面板的大部分按键除急停按钮外都位于操作台的下部,急停按钮位于操作台的左下角。机床控制面板用于直接控制机床动作或加工过程控制面板的操作。

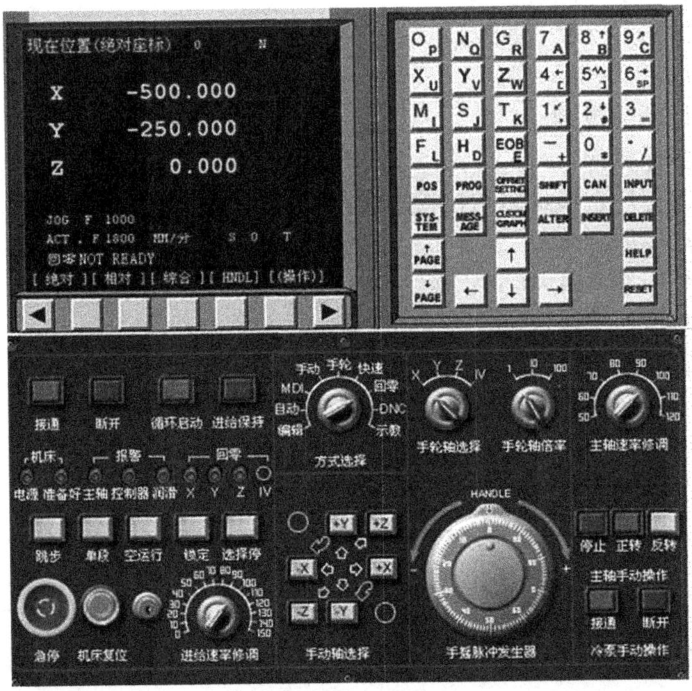

记录与思考:

课题五　FANUC 0i－MA 数控铣床手动操作

目的要求：熟悉 FANUC 0i－MA 数控铣床的手动操作。

主要内容：

1. 坐标轴移动

手动移动机床坐标轴的操作由手持单元和机床控制面板上的方式选择、轴手动、增量倍率、进给修调、快速修调等按键共同完成。

2. 主轴控制

主轴控制由机床控制面板上的主轴控制按键完成。

3. 机床锁住与 Z 轴锁住

机床锁住与 Z 轴锁住由机床控制面板上的机床锁住与 Z 轴锁住按键完成。

4. 其他手动操作

刀具夹紧与松开；

冷却启动与停止。

记录与思考：

课题六　SIEMENS 802S/C 数控铣床技术参数

目的要求:熟记 SIEMENS 802S/C 数控铣床的技术参数。

主要内容:

(1)最大控制轴数 4 轴(X、Y、Z、$4TH$);

(2)最大联动轴数 4 轴(X、Y、Z、$4TH$);

(3)主轴数 1;

(4)最大编程尺寸 99 999.999 mm;

(5)最小分辨率 0.01 ~ 10 m(可设置);

(6)直线圆弧插补;

(7)固定循环旋转缩放镜像;

(8)自动加减速控制(S 曲线);

(9)MDI 功能;

(10)故障诊断与报警;

(11)汉字操作界面;

(12)全屏幕程序在线编辑与校检功能;

(13)参考点返回;

(14)工件坐标系 G54 ~ G59;

(15)刀具长度与半径补偿;

(16)主轴转速及进给速度倍率控制。

记录与思考:

课题七　SIEMENS 802S/C 数控铣床操作装置

目的要求:熟悉 SIEMENS 802S/C 数控铣床操作装置。

主要内容:

(1)操作台结构。SIEMENS 802S/C 数控铣床数控装置操作台为标准固定装置。

(2)显示器。

(3)NC 键盘。

(4)机床控制面板。标准机床控制面板的大部分按键除急停按钮外都位于操作台的下部,急停按钮位于操作台的右上角。机床控制面板用于直接控制机床动作或加工过程控制面板的操作。

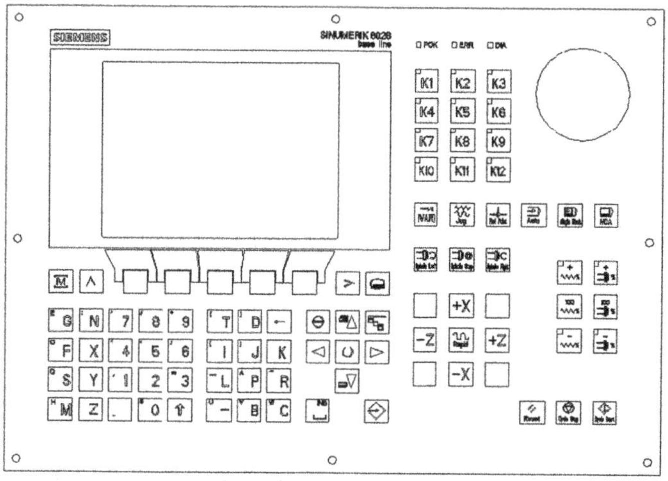

记录与思考:

课题八　FANUC、SIEMENS 数控铣床操作

目的要求：熟悉 FANUC 0i－MA、SIEMENS 802S/C 数控铣床的 MDI 操作。

主要内容：

(1)输入 MDI 指令段。

(2)运行 MDI 指令段。

在输入完一个 MDI 指令段后按一个操作面板上的循环启动键，系统即开始所输入的 MDI 指令。

记录与思考：

课题九　FANUC、SIEMENS 数控铣床对刀

目的要求：熟练掌握 FANUC 0i－MA、SIEMENS 802S/C 数控铣床的对刀方法。

主要内容：

1. 试切对刀法

试切对刀法是数控铣床上常用的对刀方法，将机床的显示状态调整为显示机床坐标系坐标，启动主轴手动调整机床用刀具在工件毛坯上切出细小的切痕来判断刀具的坐标位置。通过走刀测量或计算出工件坐标系原点在机床坐标系下的坐标，把此坐标值存储到 G54～G59 内，在编写程序时，用 G54～G59 的方式来调用工件坐标系原点。

2. 对刀检验法

在 MDI 状态下，检验对刀点的位置是否正确。

记录与思考：

课题十　FANUC、SIEMENS 数控铣床程序编辑方法

目的要求：熟悉 FANUC 0i – MA、SIEMENS 802S/C 数控铣床程序的输入及编辑方法。

主要内容：

1. 程序的输入方法

(1)新建程序的方法；

(2)程序输入的方法。

2. 程序编辑

(1)程序修改的方法；

(2)删除程序的方法；

(3)插入行的方法；

(4)删除字符的方法；

(5)字符替换的方法。

记录与思考：

单元练习一

回零、对刀及 G00、G01、G02/G03 练习一

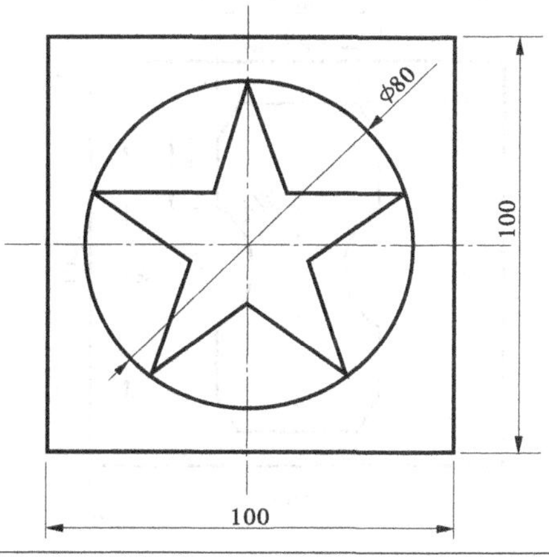

机床选择

夹具选择

刀具选择

工件坐标系原点

主轴转速 S

进给量 F

背吃刀量

起刀点

工艺分析：

程序：

单元练习二

回零、对刀及 G00、G01、G02/G03 练习二

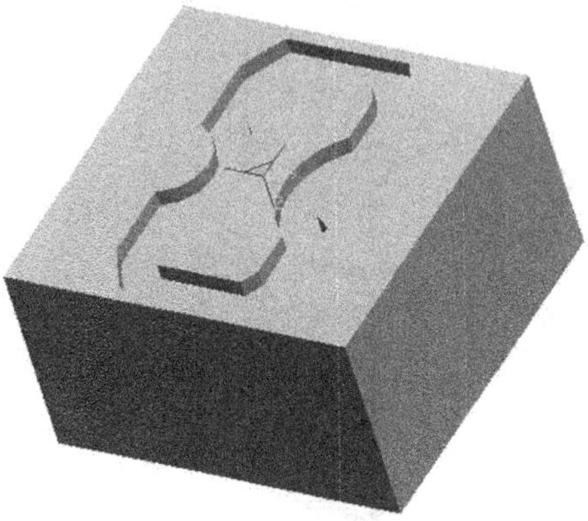

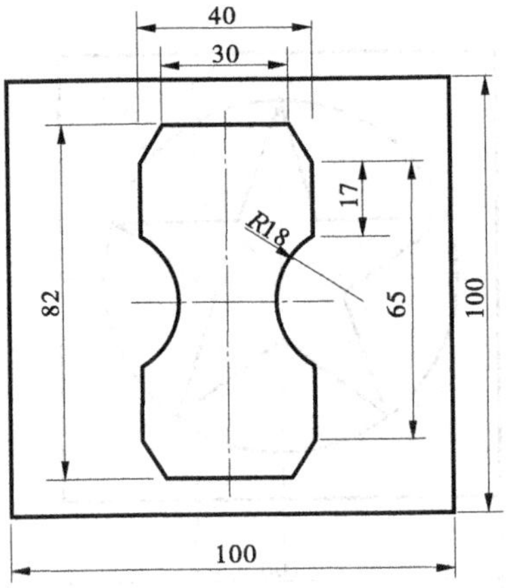

机床选择
夹具选择
刀具选择
工件坐标系原点
主轴转速 S
进给量 F
背吃刀量
起刀点
工艺分析：
程序：

单元练习三

刀具半径补偿 G41/G42、G40 练习一

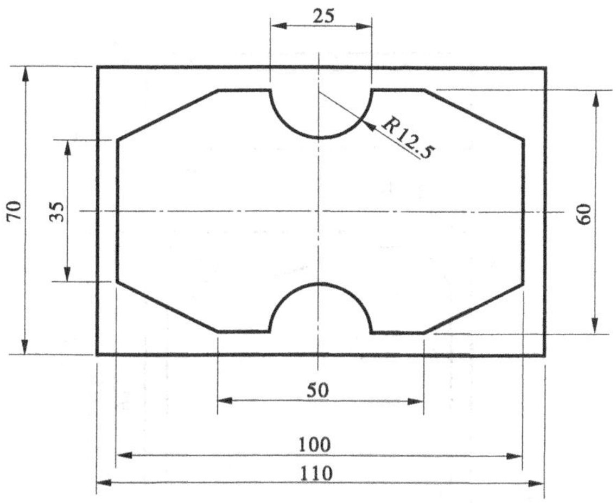

机床选择

夹具选择

刀具选择

工件坐标系原点

主轴转速 S

进给量 F

背吃刀量

起刀点

工艺分析：

程序：

单元练习四

刀具半径补偿 G41/G42、G40 练习二

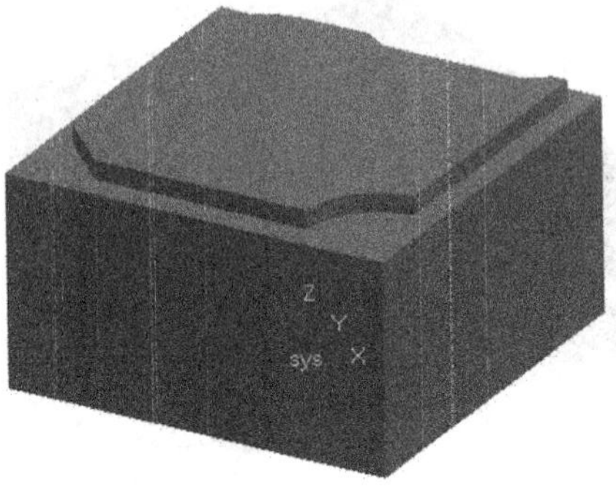

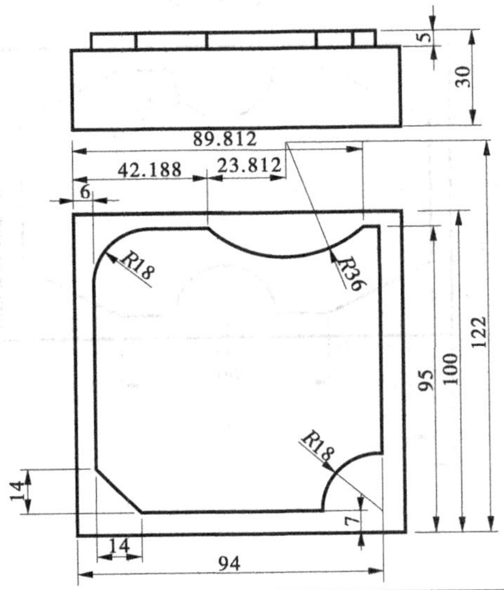

机床选择

夹具选择

刀具选择

工件坐标系原点

主轴转速 S

进给量 F

背吃刀量

起刀点

工艺分析：

程序：

单元练习五

镜像 G51.1、G50.1 练习

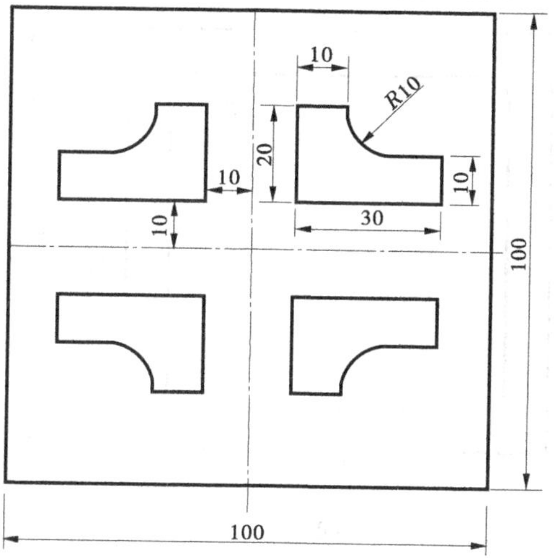

机床选择

夹具选择

刀具选择

工件坐标系原点

主轴转速 S

进给量 F

背吃刀量

起刀点

工艺分析：

程序：

单元练习六

子程序 M98P　练习一

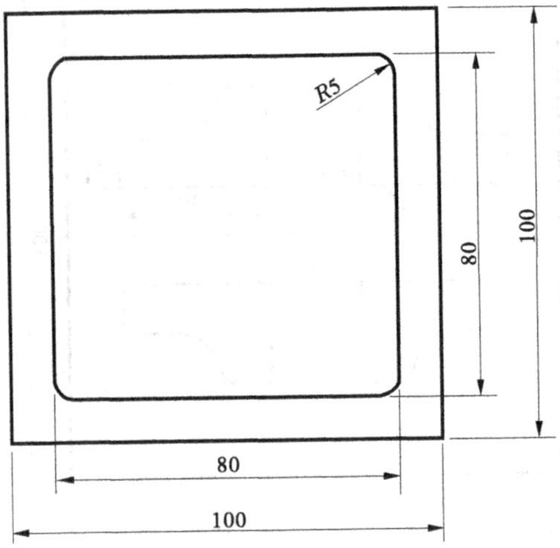

机床选择
夹具选择
刀具选择
工件坐标系原点
主轴转速 *S*
进给量 *F*
背吃刀量
起刀点
工艺分析：
程序：

单元练习七

子程序 M98P 及嵌套子程序　练习二

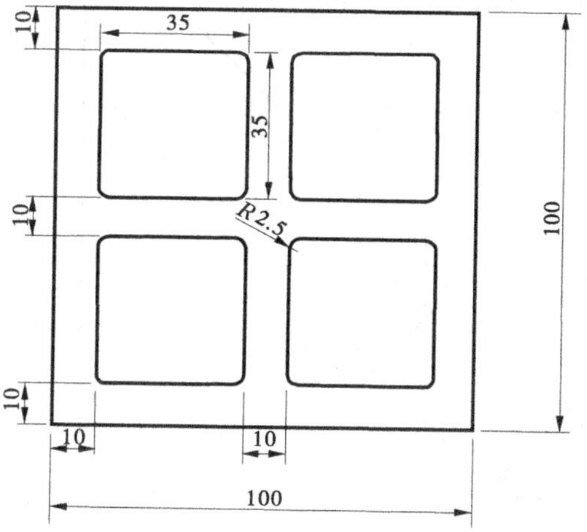

机床选择

夹具选择

刀具选择

工件坐标系原点

主轴转速 S

进给量 F

背吃刀量

起刀点

工艺分析：

程序：

单元练习八

坐标系旋转 G68、G69 及子程序应用综合练习

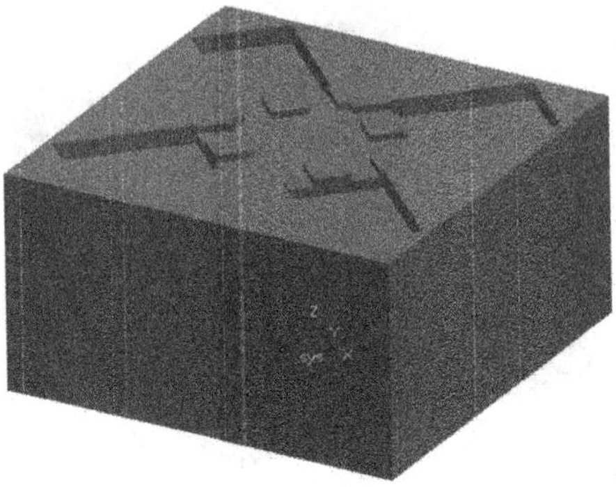

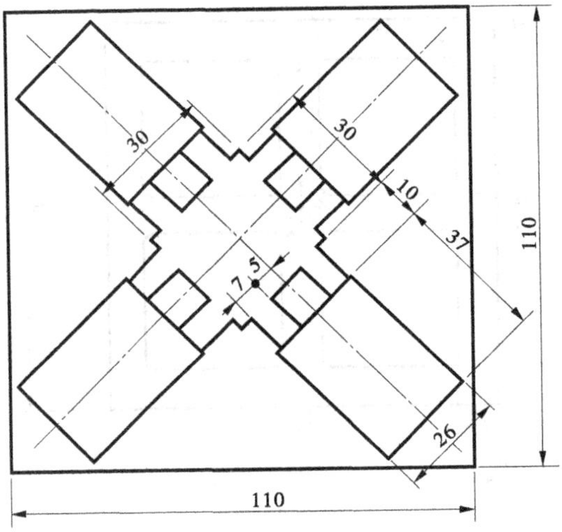

机床选择

夹具选择

刀具选择

工件坐标系原点

主轴转速 S

进给量 F

背吃刀量

起刀点

工艺分析：

程序：

单元练习九

固定循环练习一

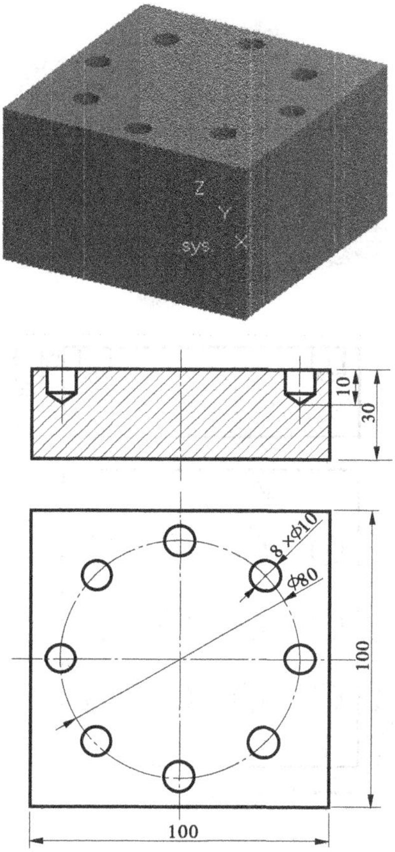

机床选择

夹具选择

刀具选择

工件坐标系原点

主轴转速 S

进给量 F

背吃刀量

起刀点

工艺分析：

程序：

单元练习十

固定循环练习二

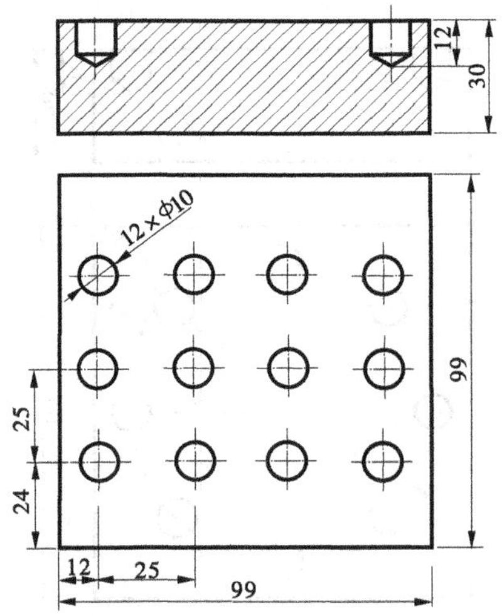

机床选择
夹具选择
刀具选择
工件坐标系原点
主轴转速 S
进给量 F
背吃刀量
起刀点
工艺分析：
程序：

单元练习十一

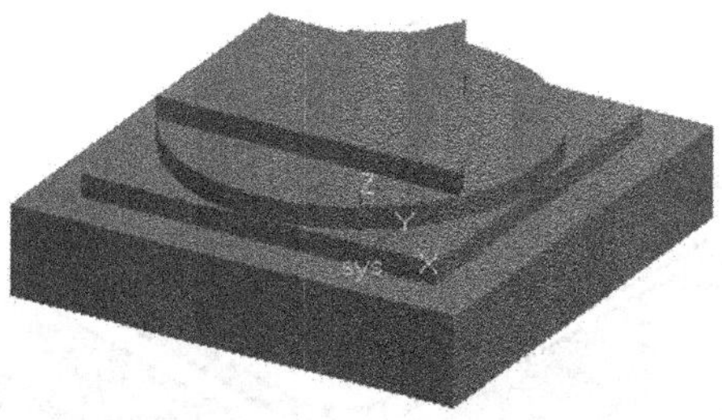

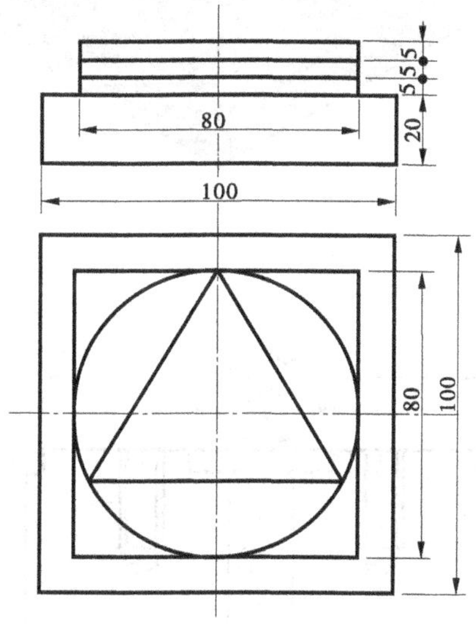

机床选择

夹具选择

刀具选择

工件坐标系原点

主轴转速 S

进给量 F

背吃刀量

起刀点

工艺分析：

程序：

综合练习一

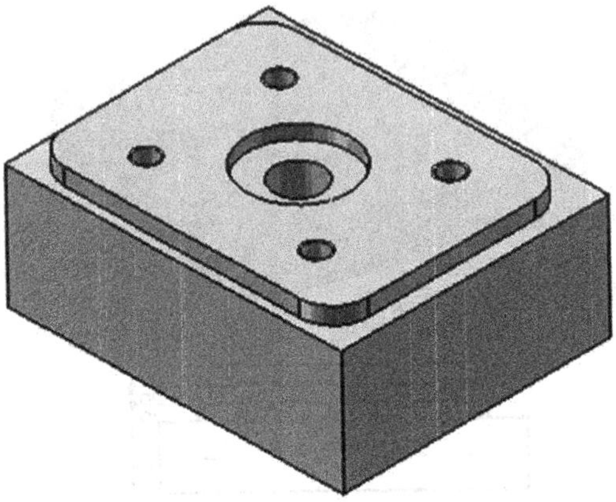

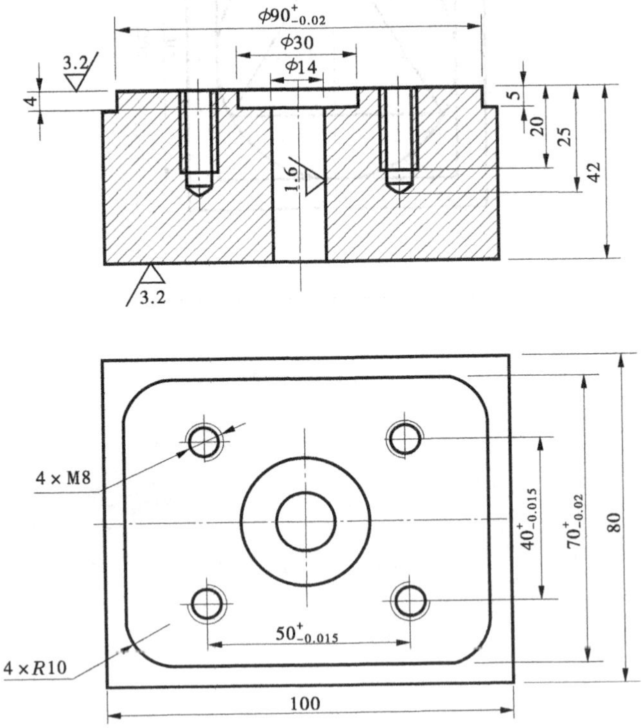

$\phi90^{+}_{-0.02}$
$\phi30$
$\phi14$
3.2
4
5
20
25
42
1.6
3.2
4 × M8
$40^{+}_{-0.015}$
$70^{+}_{-0.02}$
80
$50^{+}_{-0.015}$
4 × $R10$
100

综合练习二

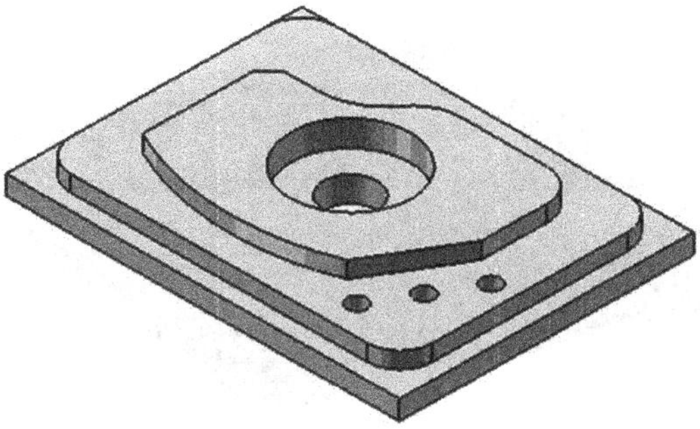

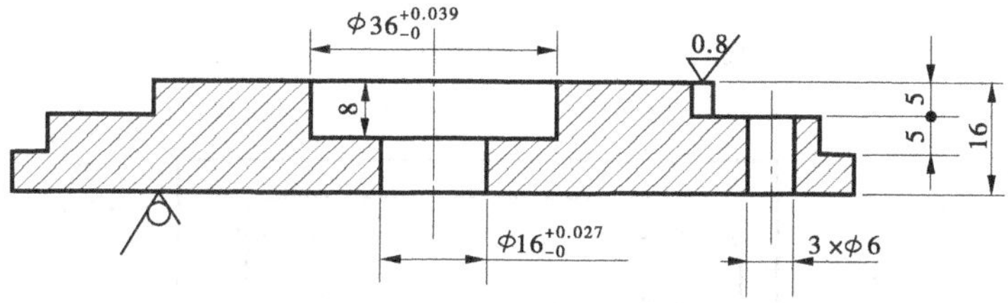

$\phi36^{+0.039}_{-0}$
0.8
8
5
5
16
$\phi16^{+0.027}_{-0}$
3×ϕ6

A—A

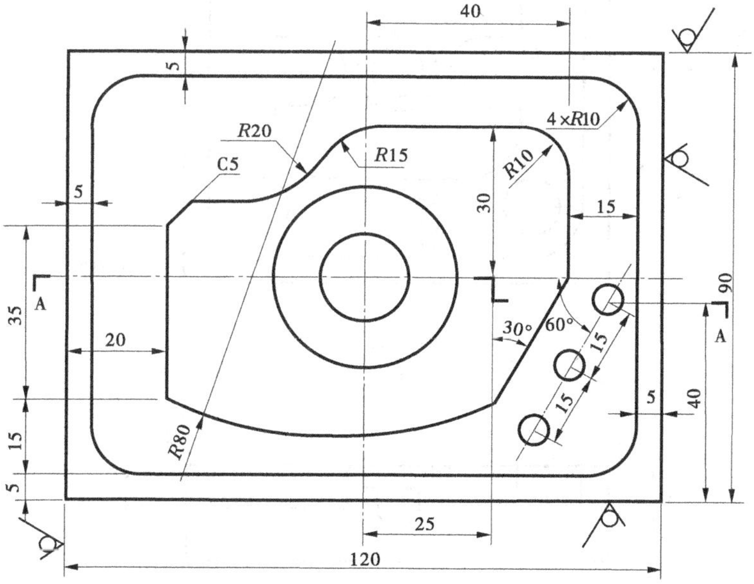

40
5
4×R10
R20
R15
C5
R10
5
30
15
A
35
20
30°
60°
15
15
90
A
5
40
15
R80
5
25
120

综合练习三

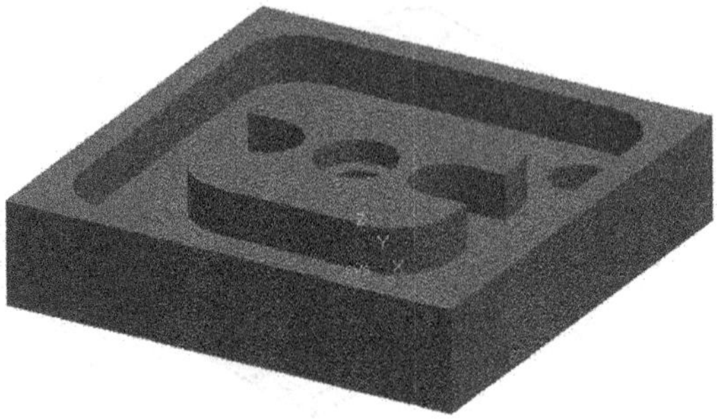

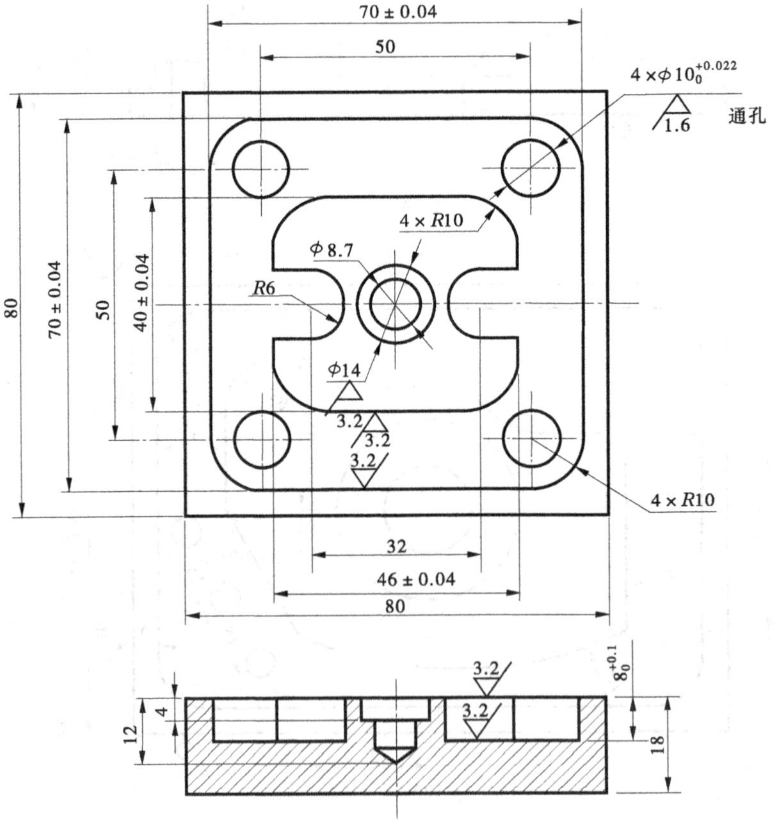

70 ± 0.04
50
4 × φ 10 +0.022 0
1.6
通孔
4 × R10
φ 8.7
R6
φ14
3.2
80
70 ± 0.04
50
40 ± 0.04
32
46 ± 0.04
80
8 +0.1 0
12
4
18

综合练习四

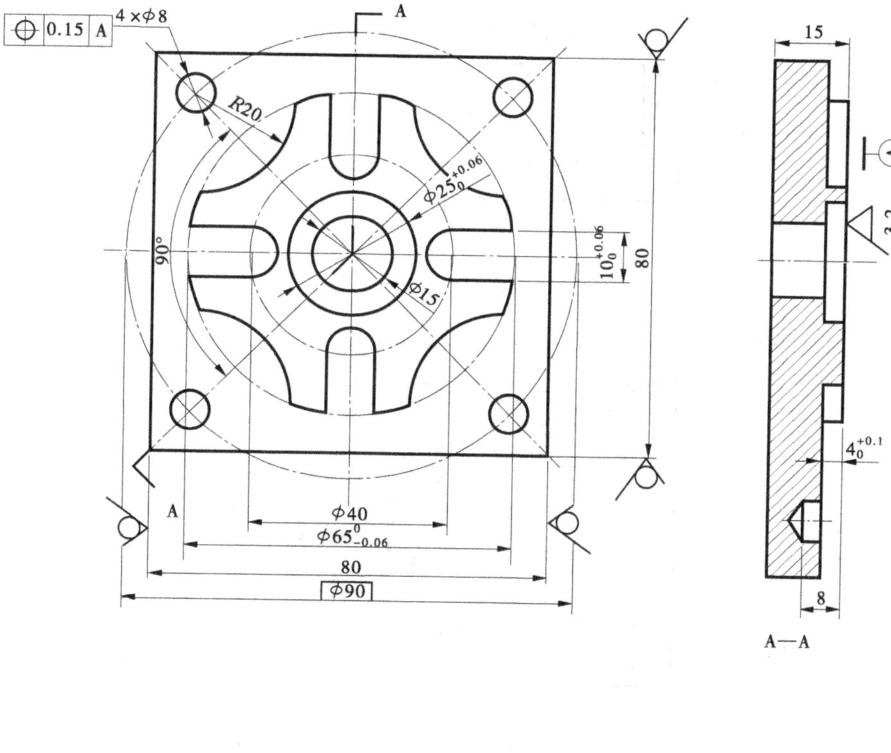

综合练习五

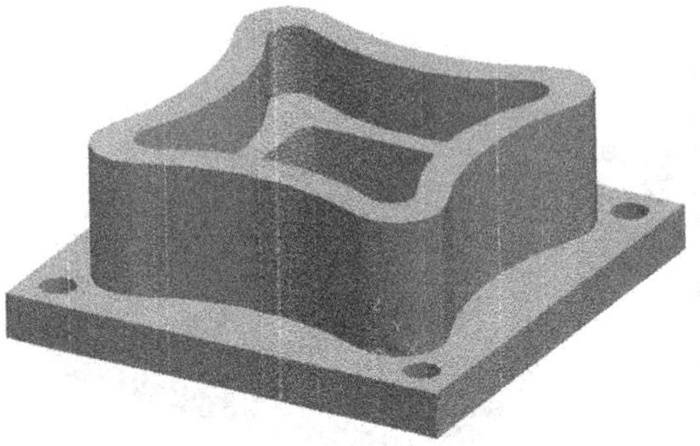

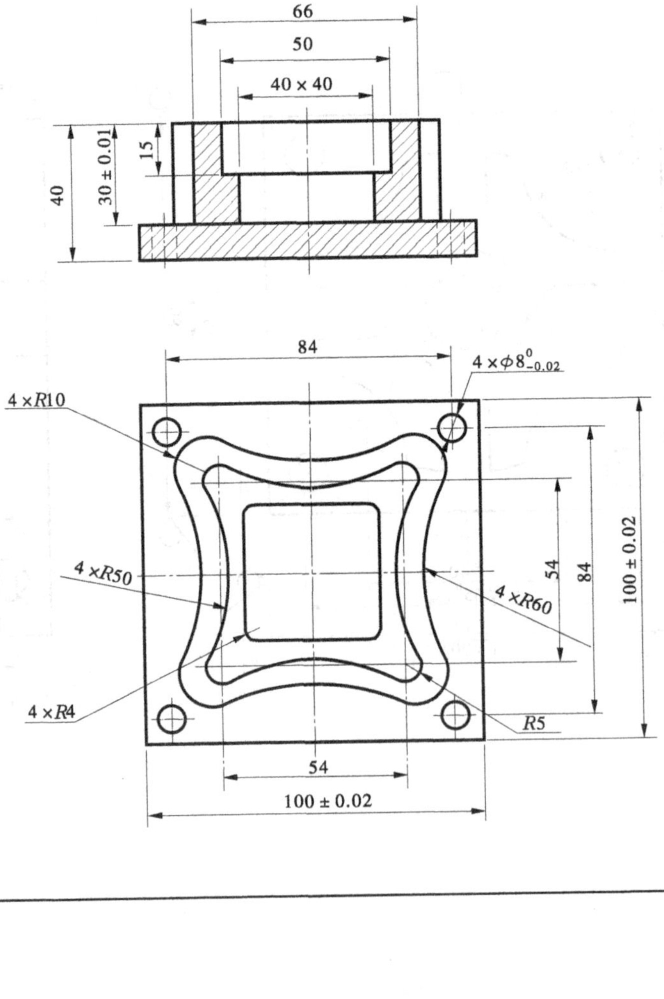
66
50
40 × 40
15
30 ± 0.01
40
84
4 ×φ8⁰₋₀.₀₂
4 ×R10
4 ×R50
4 ×R60
54
84
100 ± 0.02
4 ×R4
R5
54
100 ± 0.02

综合练习六

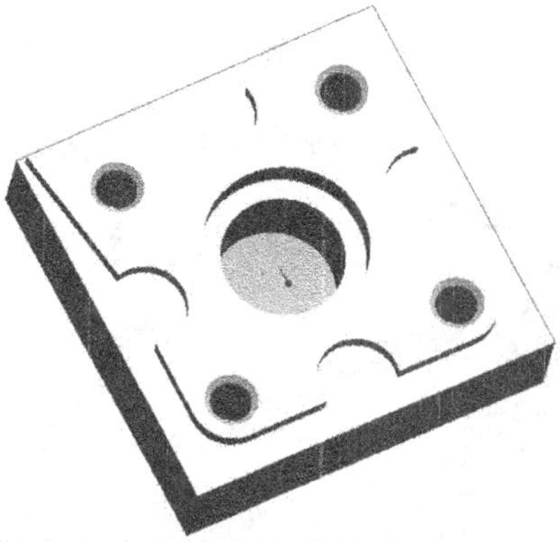

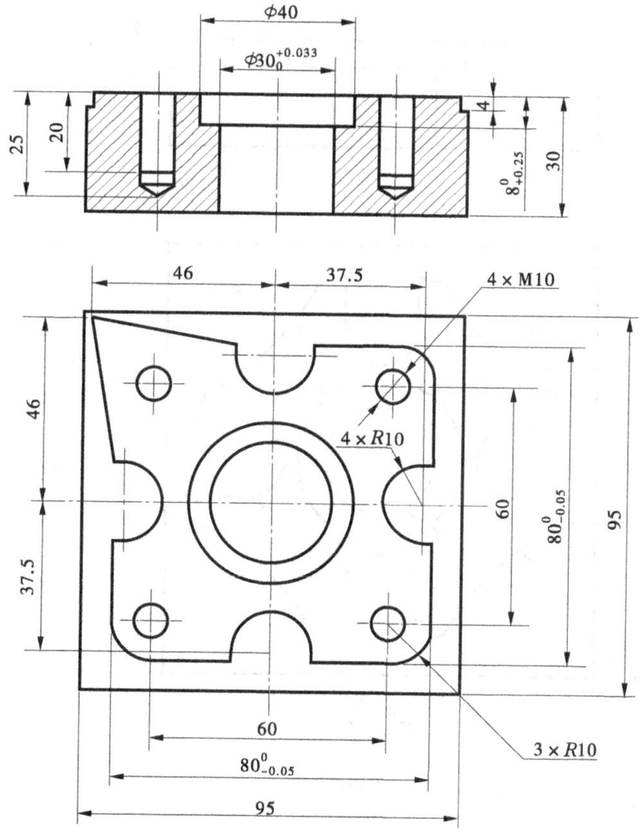

Φ40
Φ30$^{+0.033}_{0}$
25
20
4
$8^{0}_{+0.25}$
30
46
37.5
4×M10
4×R10
46
37.5
60
$80^{0}_{-0.05}$
95
60
$80^{0}_{-0.05}$
95
3×R10

综合练习七

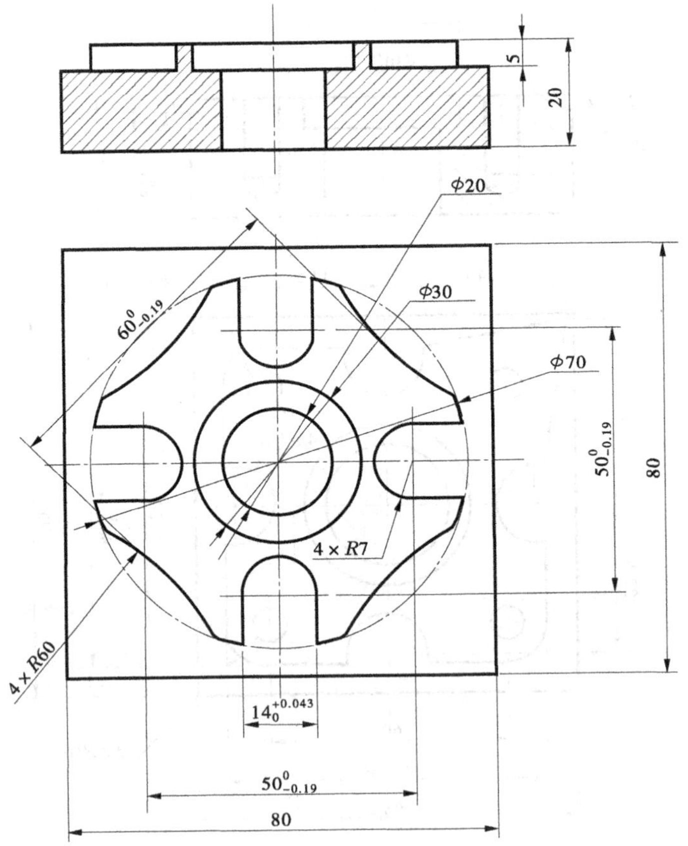

5
20
ϕ20
ϕ30
ϕ70
$60^{0}_{-0.19}$
$50^{0}_{-0.19}$
80
4 × R7
4 × R60
$14^{+0.043}_{0}$
$50^{0}_{-0.19}$
80

综合练习八

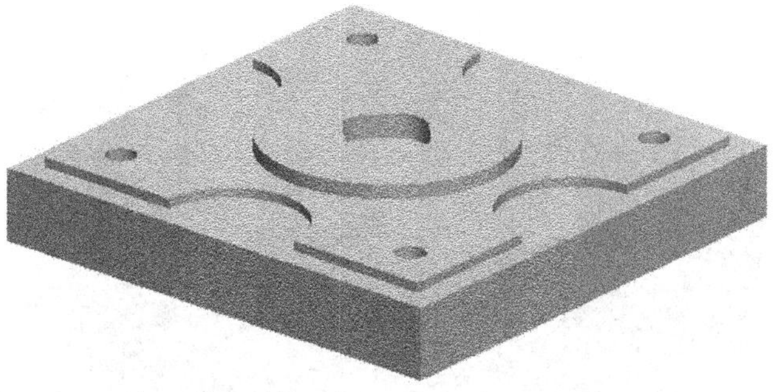

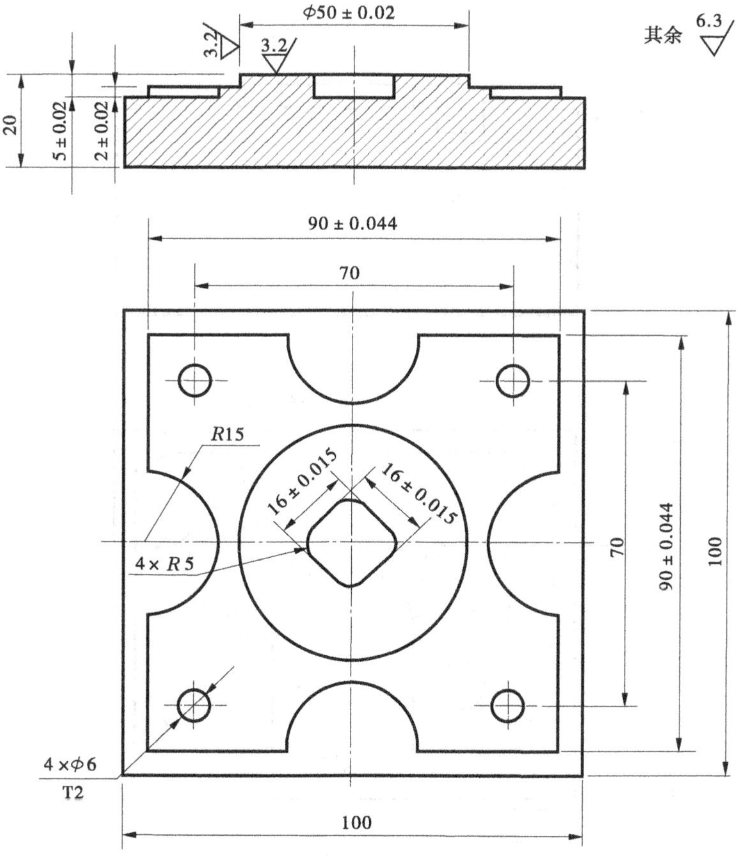

Φ50 ± 0.02
其余 6.3
3.2
3.2
20
5 ± 0.02
2 ± 0.02
90 ± 0.044
70
R15
16 ± 0.015
16 ± 0.015
4 × R5
70
90 ± 0.044
100
4 × Φ6
T2
100

综合练习九

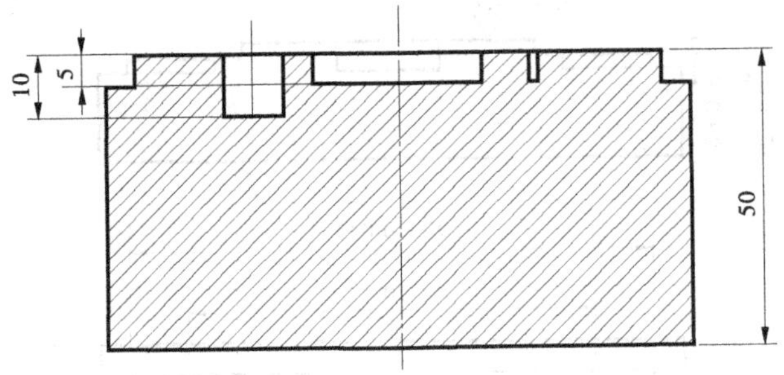
10
5
50

A—A

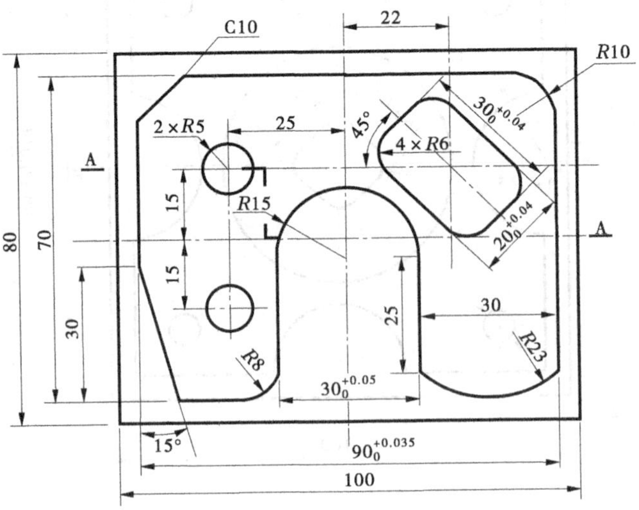
C10
22
R10
2×R5
25
45°
4×R6
R15
15
15
80
70
30
25
30
R8
R23
15°
100

综合练习十

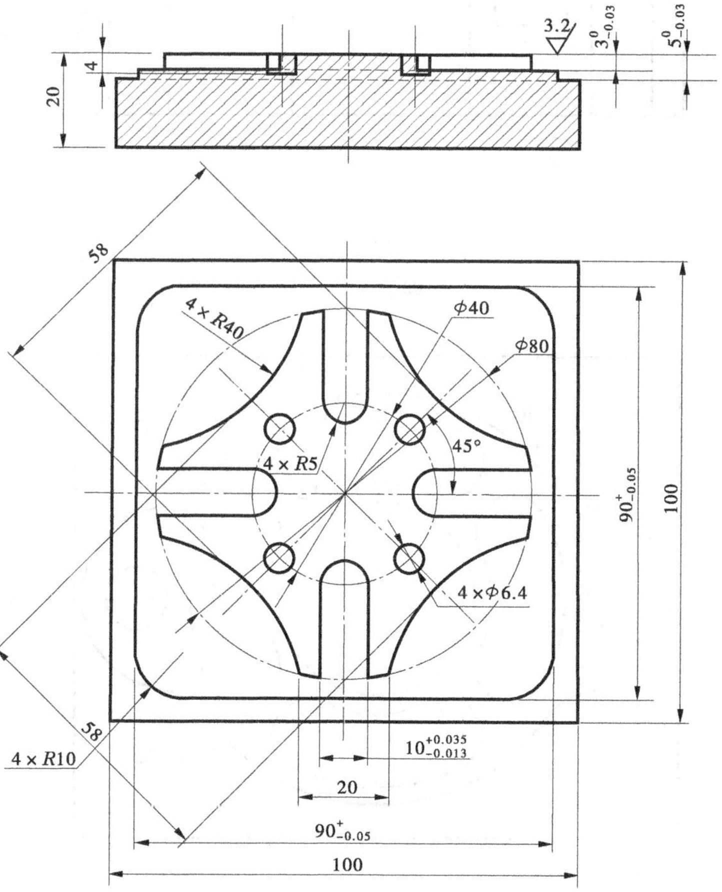
3.2
$3^{0}_{-0.03}$
$5^{0}_{-0.03}$
4
20
58
4×R40
φ40
φ80
45°
4×R5
4×φ6.4
$90^{+}_{-0.05}$
100
4×R10
58
$10^{+0.035}_{-0.013}$
20
$90^{+}_{-0.05}$
100

综合练习十一

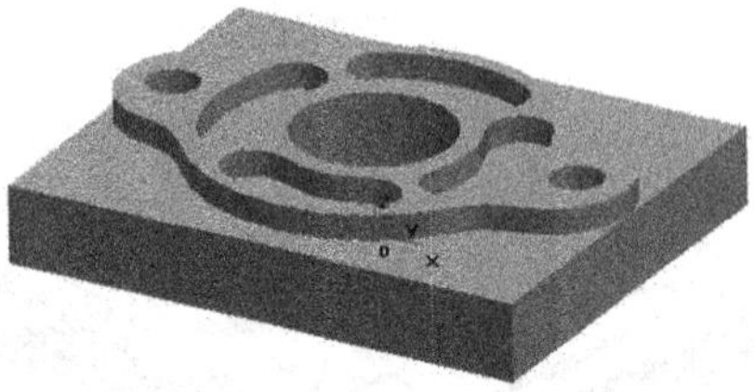

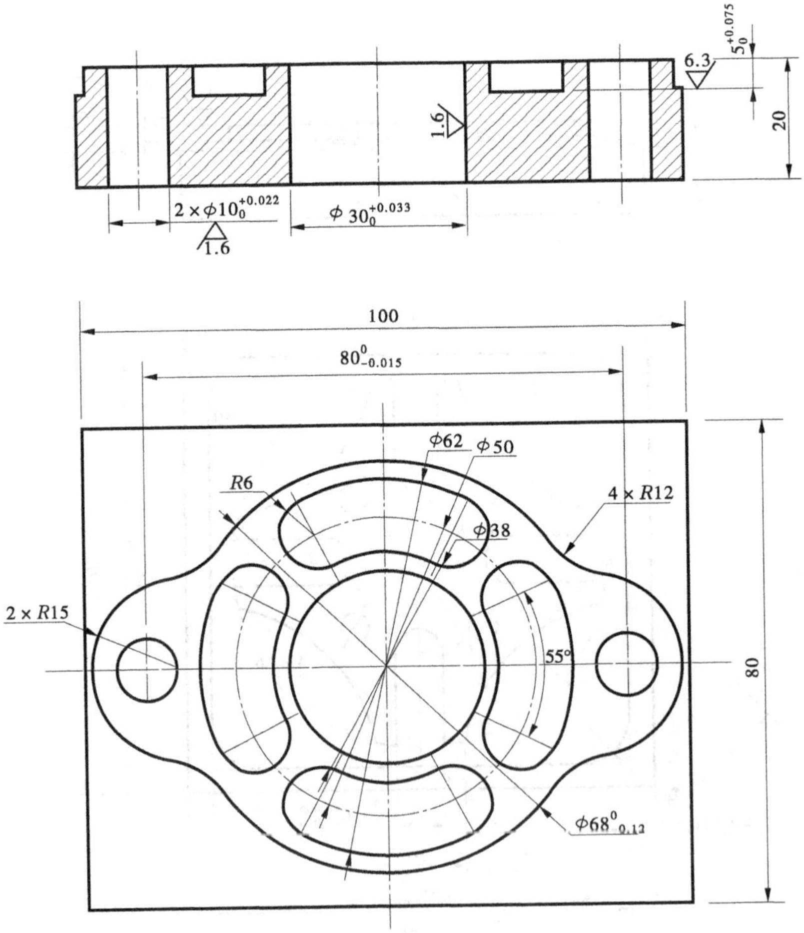

$5_0^{+0.075}$
6.3
20
1.6
$2\times\phi10_0^{+0.022}$
1.6
$\phi\ 30_0^{+0.033}$
100
$80^0_{-0.015}$
$\phi62$
$\phi50$
R6
$4\times R12$
$\phi38$
$2\times R15$
55°
80
$\phi68^0_{-0.12}$

综合练习十二

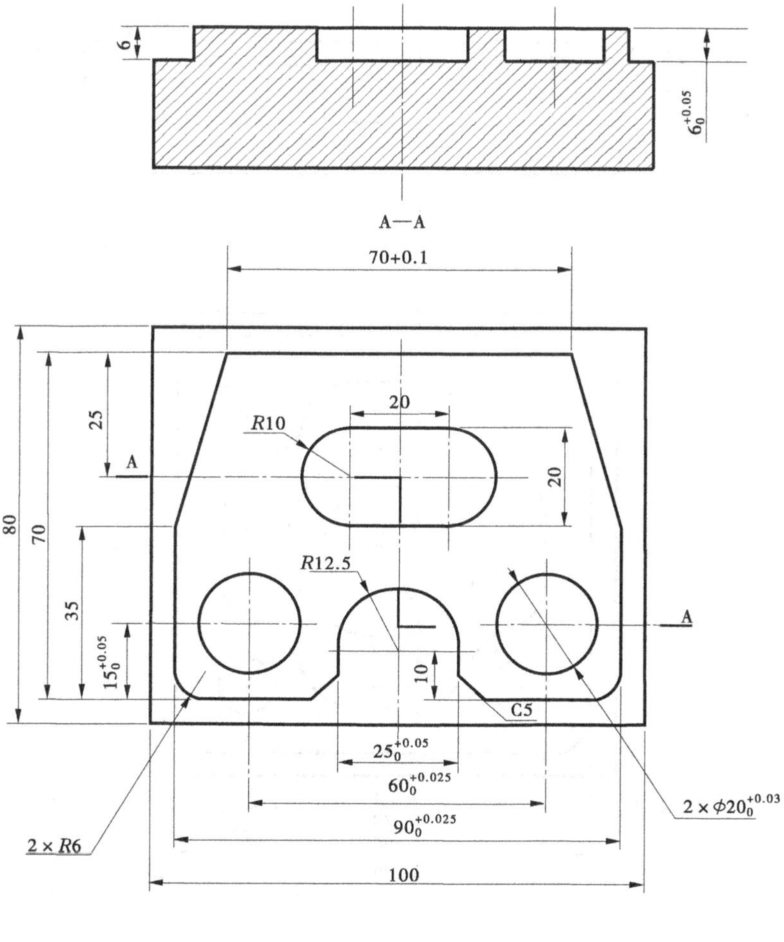

6
$6_{0}^{+0.05}$
A—A
70+0.1
20
R10
25
A
20
80
70
35
R12.5
A
$15_{0}^{+0.05}$
10
C5
$25_{0}^{+0.05}$
$60_{0}^{+0.025}$
$2\times\phi20_{0}^{+0.03}$
$90_{0}^{+0.025}$
2 × R6
100

综合练习十三

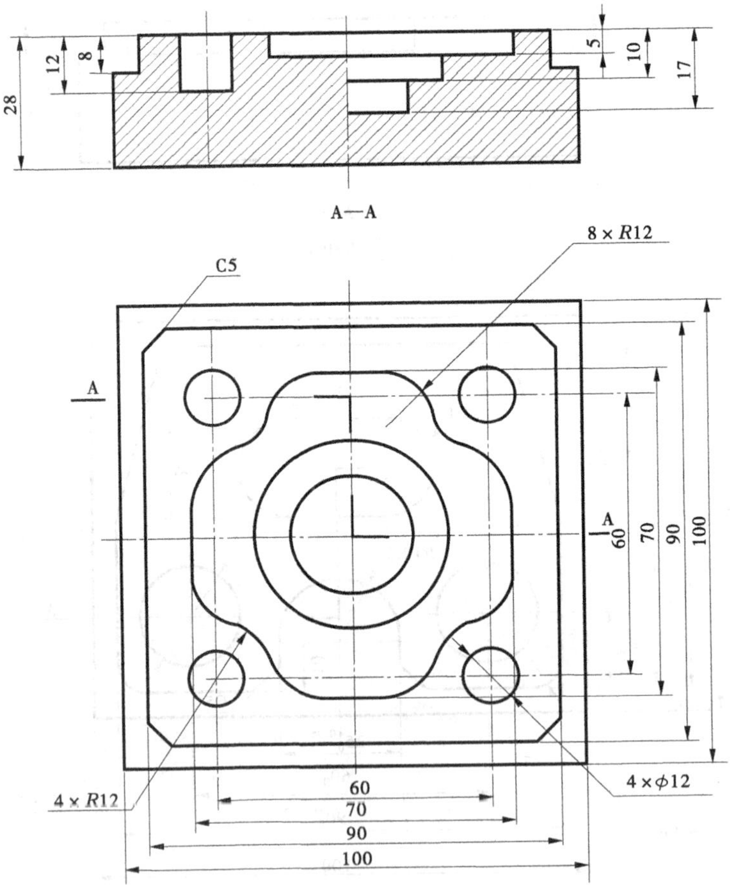

综合练习十四

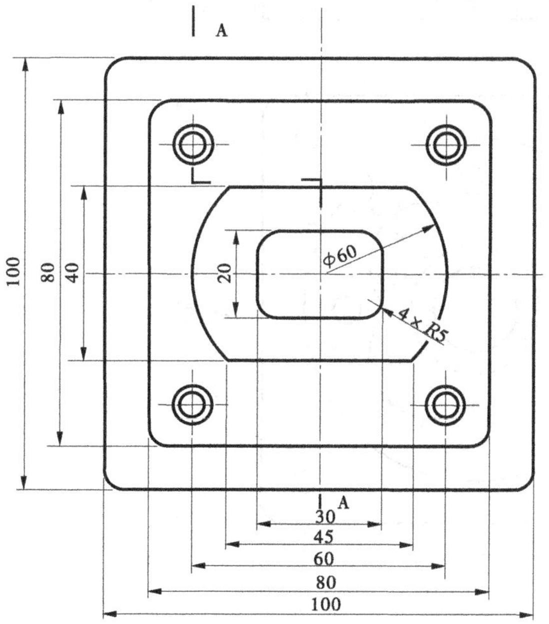

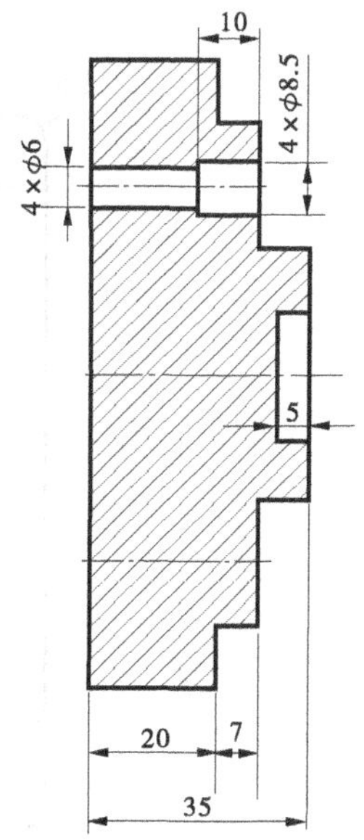

A—A

综合练习十五

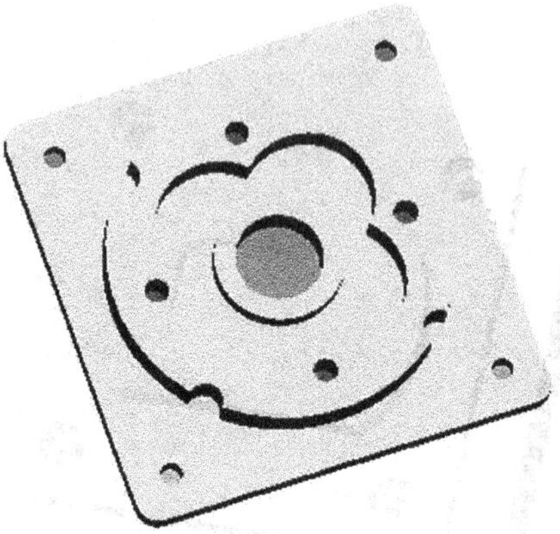

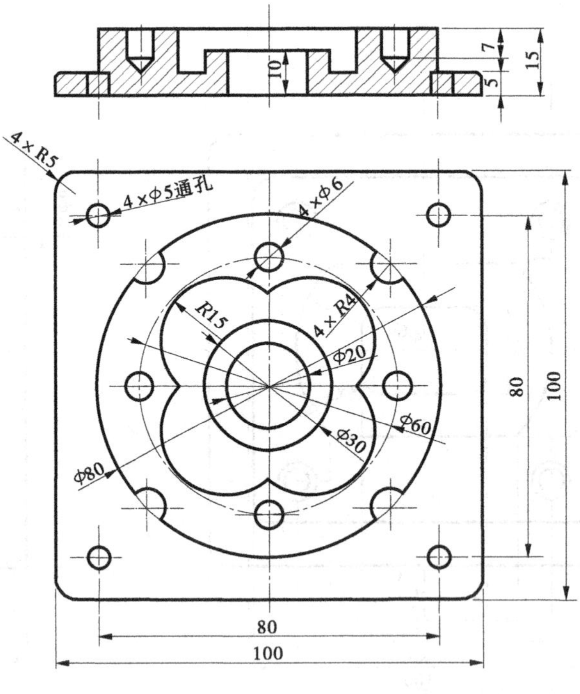

综合练习十六

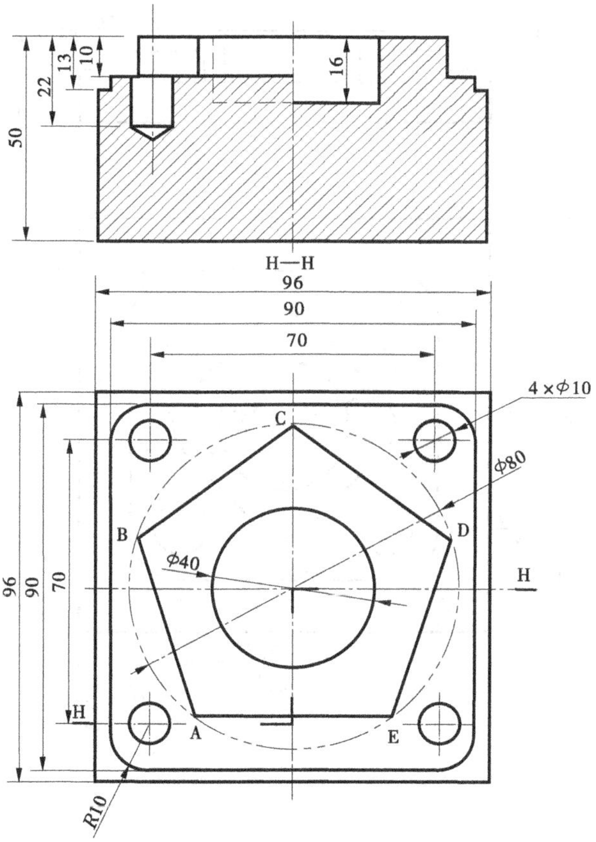

综合练习十七

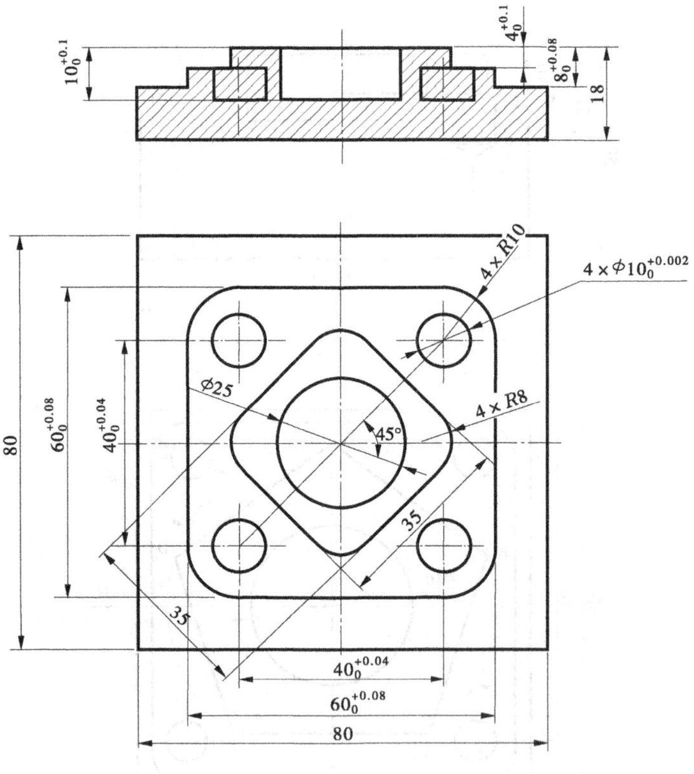

$10_{0}^{+0.1}$
$4_{0}^{+0.1}$
$8_{0}^{+0.08}$
18
4×R10
$4\times\phi10_{0}^{+0.002}$
$\phi25$
4×R8
45°
80
$60_{0}^{+0.08}$
$40_{0}^{+0.04}$
35
35
$40_{0}^{+0.04}$
$60_{0}^{+0.08}$
80

综合练习十八

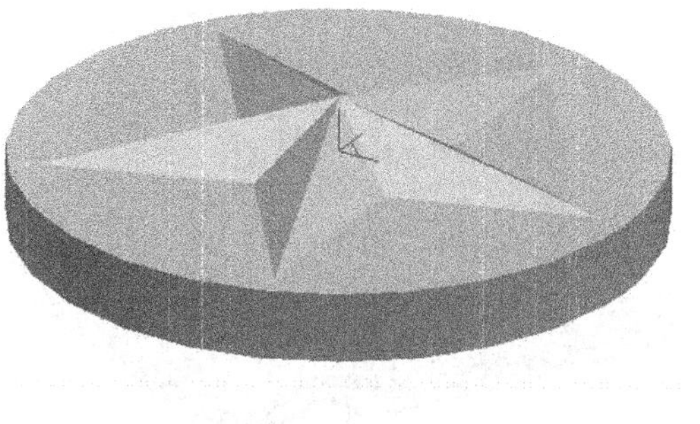

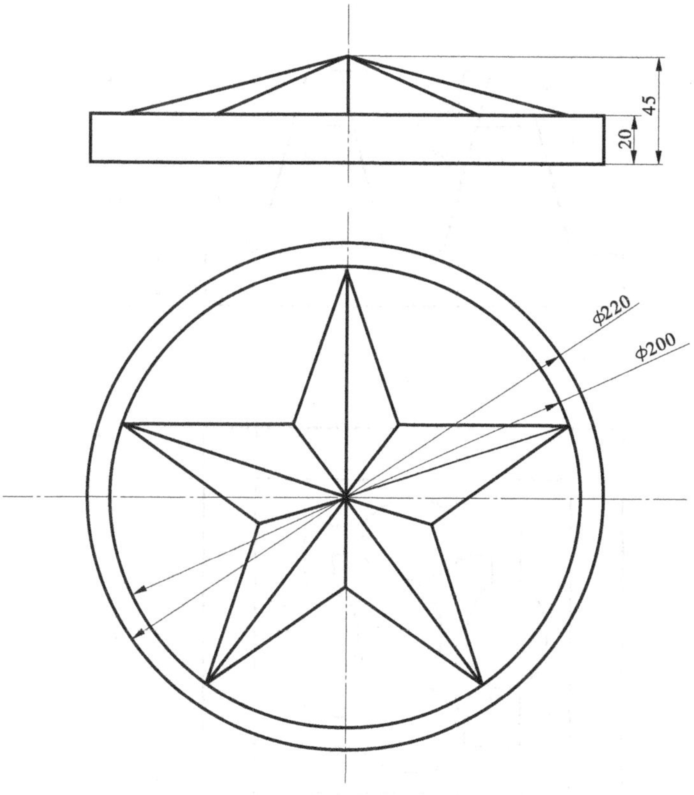

综合练习十九

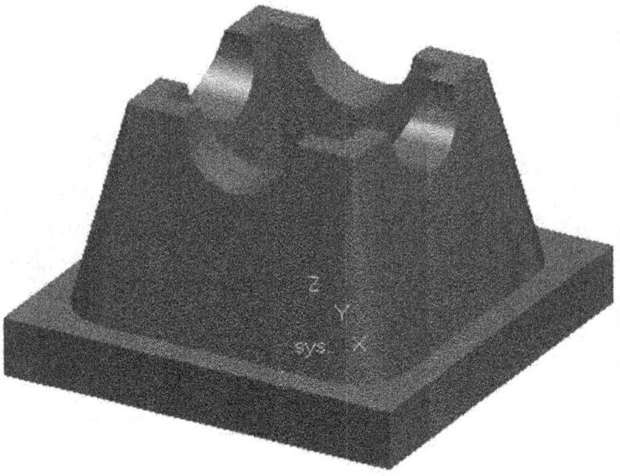

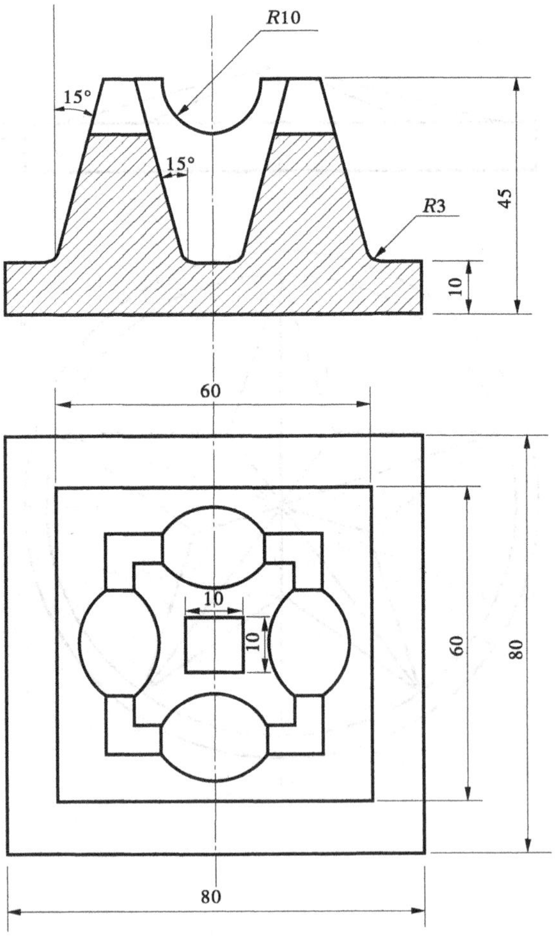

综合练习二十

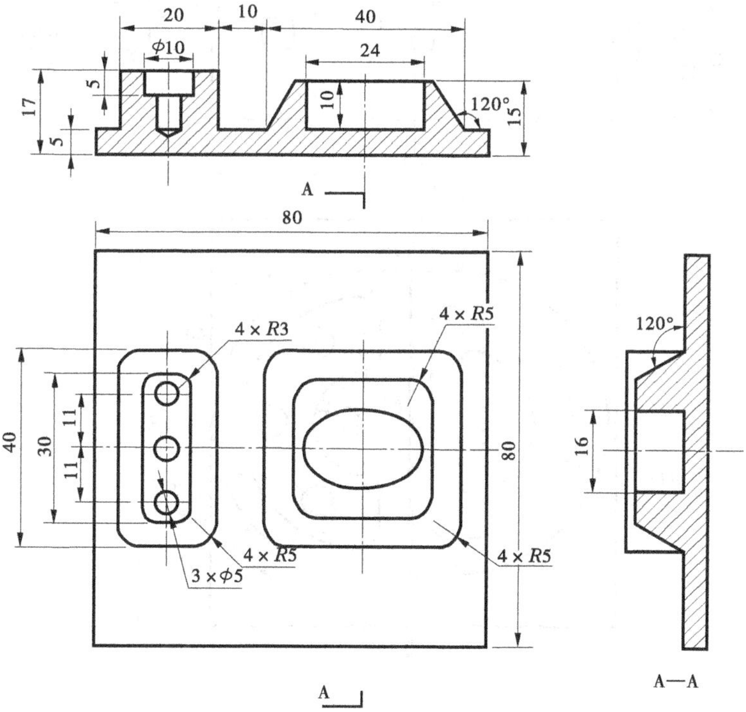
20
10
40
ϕ10
24
5
17
10
120°
15
5
A
80
4 × R3
4 × R5
40
30
11
11
80
4 × R5
3 × ϕ5
4 × R5
120°
16
A—A
A

综合练习二十一

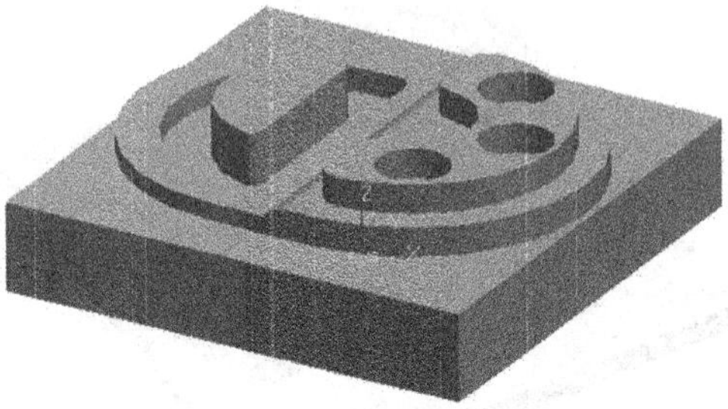

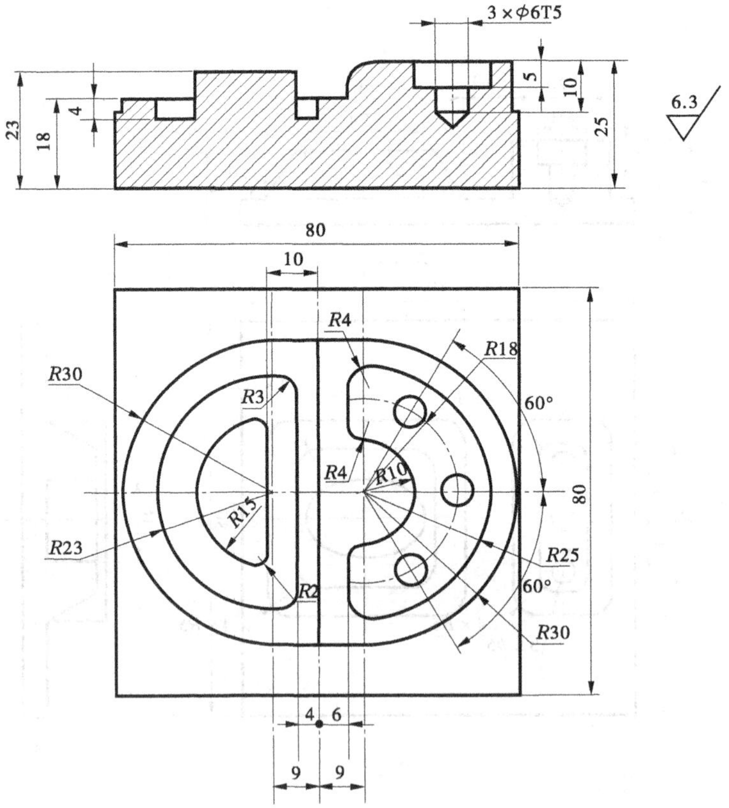

3×Φ6T5
5
10
25
23
18
4
6.3
80
10
R4
R18
R30
R3
60°
R4
R10
R15
R23
R25
R2
60°
R30
80
4
6
9
9

综合练习二十二

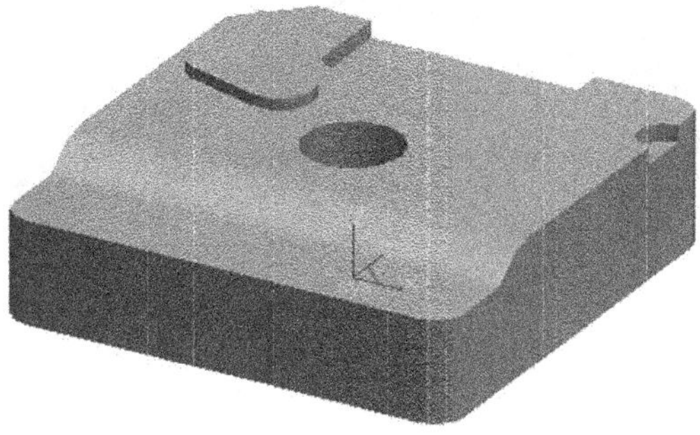

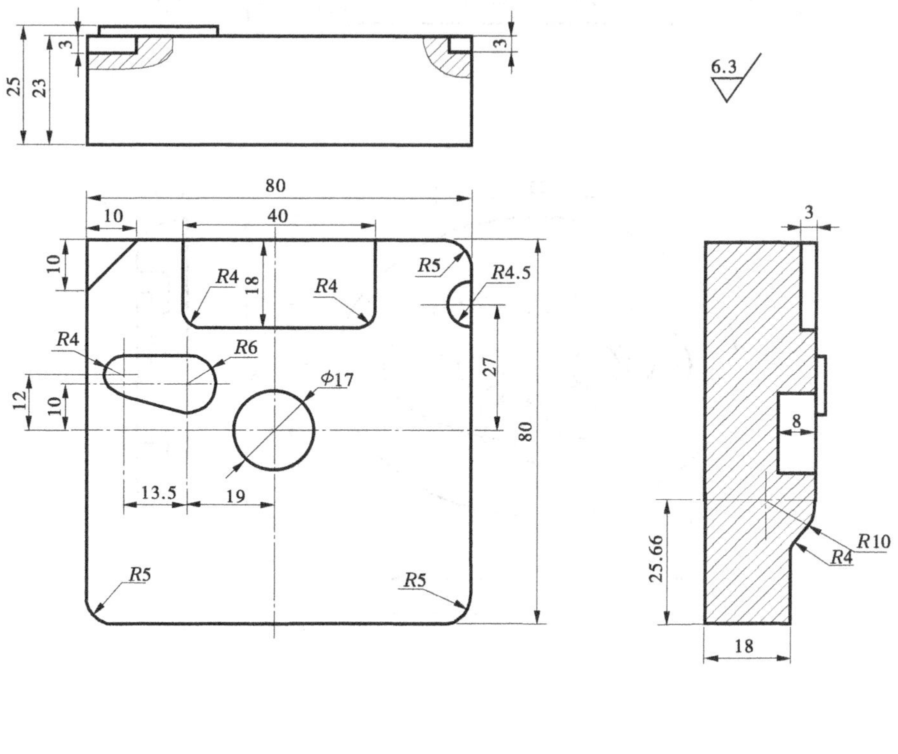

25
23
3
3
6.3
80
10
40
10
R4
18
R4
R5
R4.5
R4
R6
12
10
Φ17
27
80
13.5
19
R5
R5
3
8
R10
R4
25.66
18

综合练习二十三

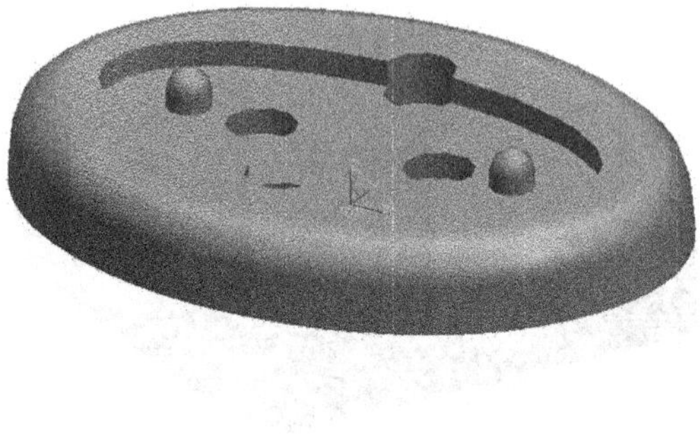

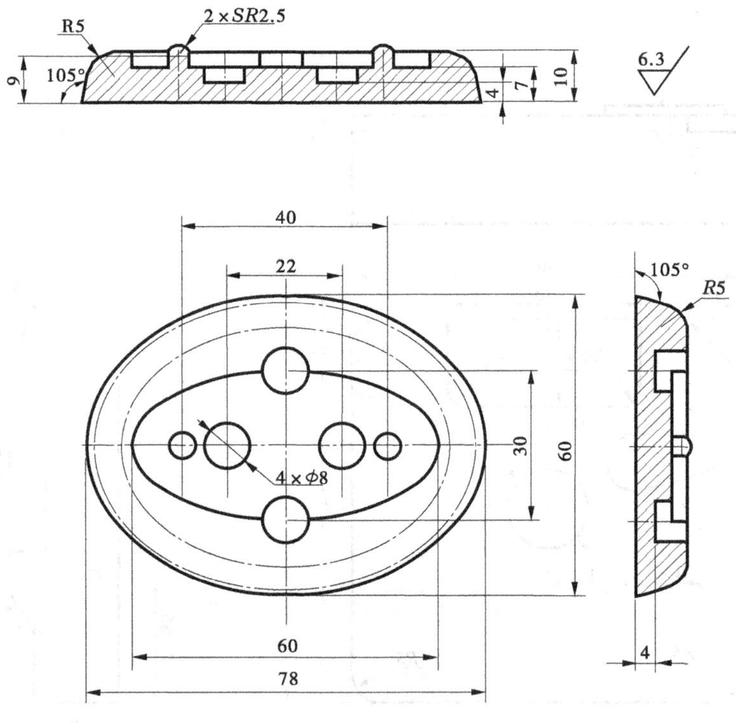

综合练习二十四

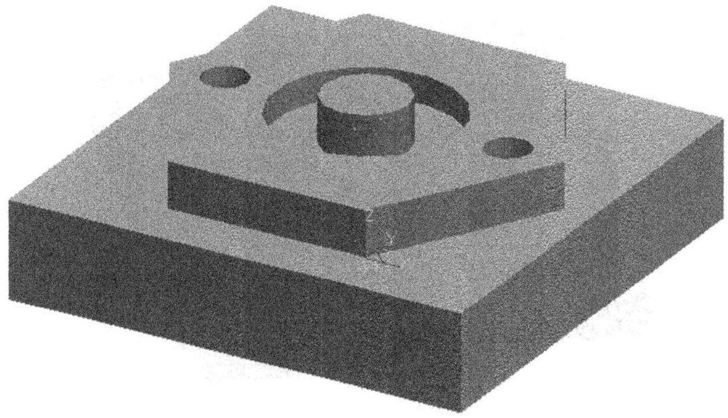

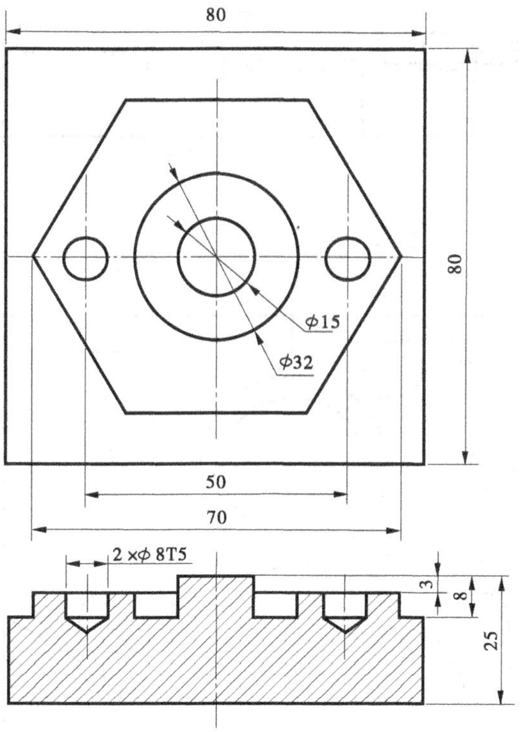

综合练习二十五

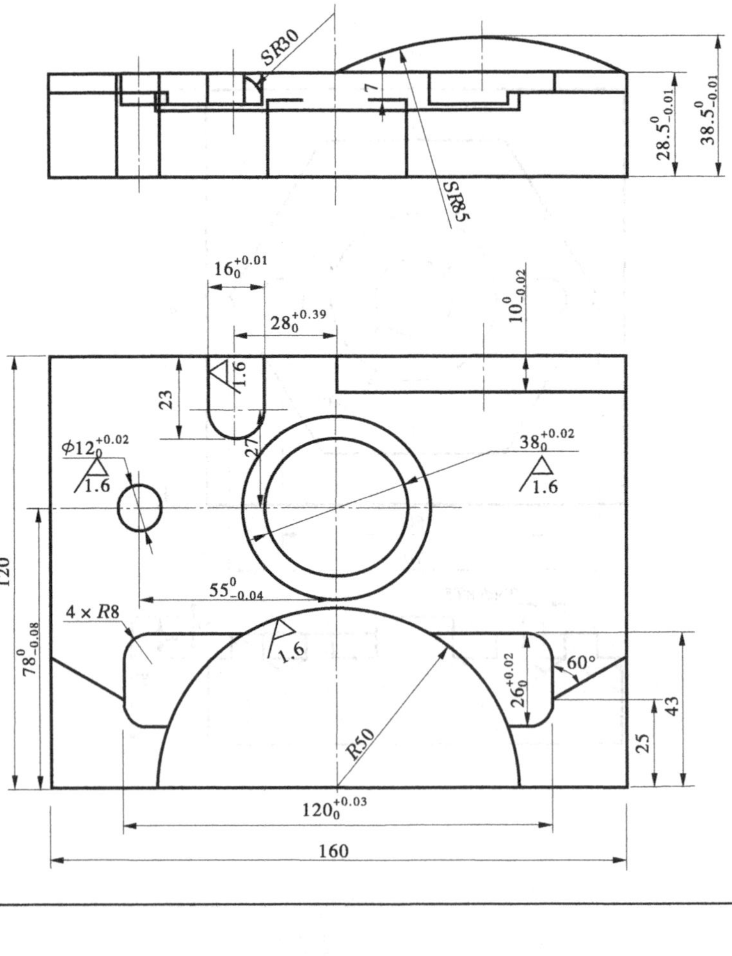

SR30
7
SR85
$28.5^{0}_{-0.01}$
$38.5^{0}_{-0.01}$
$16^{+0.01}_{0}$
$28^{+0.39}_{0}$
$10^{0}_{-0.02}$
23
1.6
27
$\phi12^{+0.02}_{0}$
1.6
$38^{+0.02}_{0}$
1.6
120
$78^{0}_{-0.08}$
$55^{0}_{-0.04}$
4 × R8
1.6
$26^{+0.02}_{0}$
60°
R50
43
25
$120^{+0.03}_{0}$
160

综合练习二十六

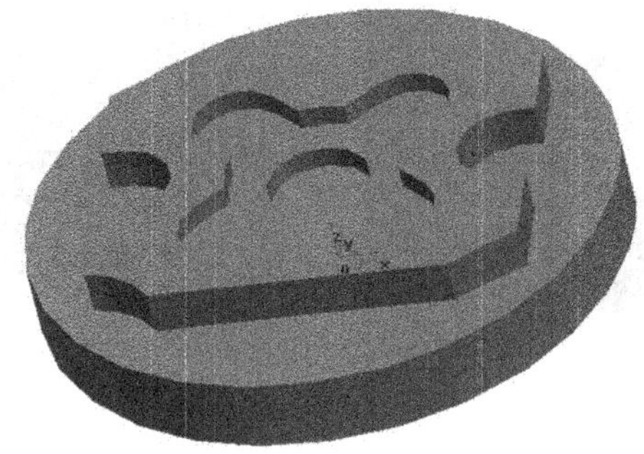

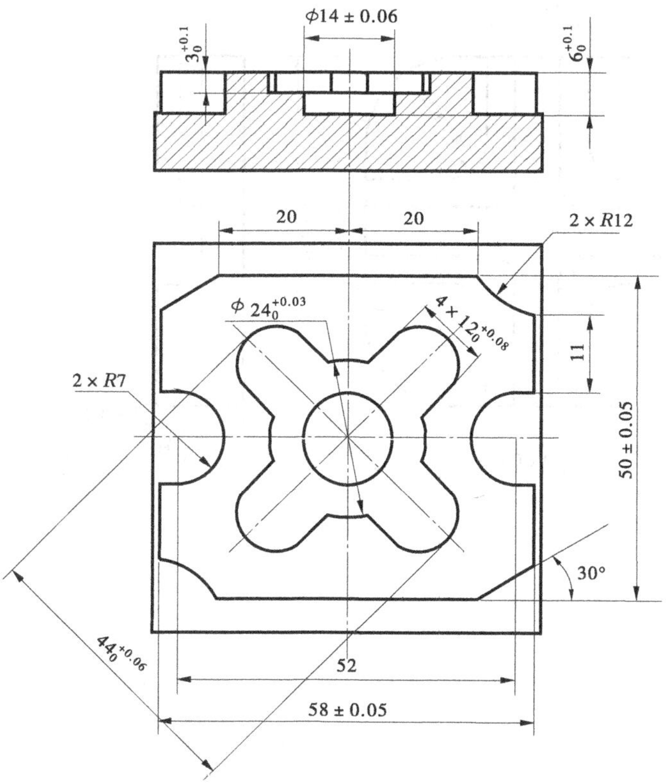

$3_0^{+0.1}$
$\phi14\pm0.06$
$6_0^{+0.1}$
20
20
2 × R12
$\phi\ 24_0^{+0.03}$
$4\times12_0^{+0.08}$
11
2 × R7
50 ± 0.05
30°
$44_0^{+0.06}$
52
58 ± 0.05

综合练习二十七

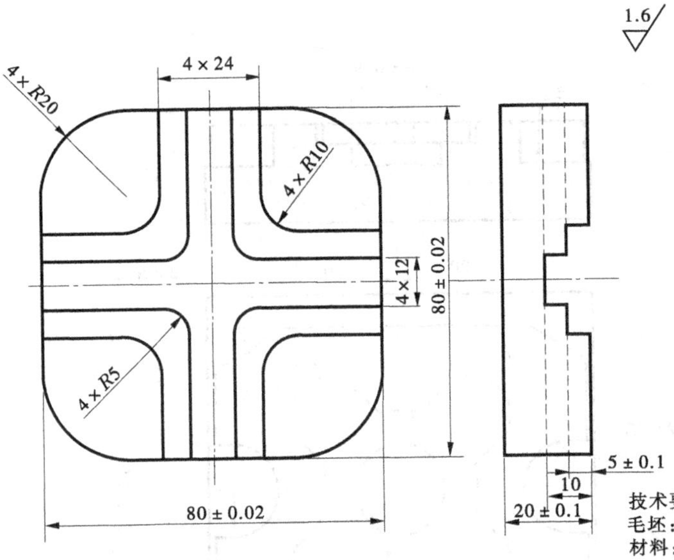

技术要求：
毛坯：φ100 × 30
材料：铝棒

零件加工刀具卡片

零件图号	零件名称	材料	数控设备	数控系统	备注
刀具号	刀具名称	刀具			
		直径(mm)	补偿(mm)	长度(mm)	

零件加工工艺卡片

毛坯尺寸			零件名称		机床型号	
序号	刀具编号	刀具规格名称	加工内容	切削速度 (mm/min)	主轴转速 (r/min)	背吃刀量 (mm)
1						
2						
3						
4						
5						
6						
7						
8						

参 考 文 献

[1]张秀珍,冯伟.数控加工课程设计指导[M].北京:机械工业出版社,2010.
[2]康新龙,秦启书.数控车床中级工实训教程[M].北京:中国林业出版社,2006.
[3]张道江,罗会藩.数控中级工认证实训教程[M].重庆:重庆大学出版社,2009.
[4]张思弟,贺曙新.数控编程加工技术[M].北京:化学工业出版社,2005.
[5]顾京.数控加工编程及操作[M].北京:高等教育出版社,2008.